源风险

为什么越安全的决策越危险

[美] 格雷格・伊普（Greg Ip）◎著　谭　浩◎译

FOOLPROOF

SPM
南方出版传媒
广东人民出版社
・广州・

图书在版编目 (CIP) 数据

源风险 / (美) 格雷格 · 伊普 (Greg Ip) 著 ; 谭浩译. —广州 : 广东人民出版社, 2018.7
ISBN 978-7-218-12885-6

Ⅰ. ①源… Ⅱ. ①格… ②谭… Ⅲ. ①人性论 Ⅳ. ① B82-061

中国版本图书馆 CIP 数据核字 (2018) 第 108905 号

Yuan Fengxian

源风险

[美] 格雷格 · 伊普 著　　谭 浩 译

出 版 人 : 肖风华

策　　划 : 中资海派
执行策划 : 黄 河 桂 林
责任编辑 : 林 俏 李梦泽
特约编辑 : 闵耀洋 宋金龙
版式设计 : 吴惠婷
封面设计 : 胡小瑜

出版发行 : 广东人民出版社
地　　址 : 广州市大沙头四马路 10 号（邮政编码 : 510102）
电　　话 : (020) 83798714（总编室）
传　　真 : (020) 83780199
网　　址 : http: //www.gdpph.com
印　　刷 : 深圳市雅佳图印刷有限公司
开　　本 : 787mm × 1092mm 1/16
印　　张 : 17 **字　　数 :** 226 千字
版　　次 : 2018 年 7 月第 1 版 2018 年 7 月第 1 次印刷
定　　价 : 58.00 元

如发现印装质量问题，影响阅读，请与出版社（020-83795749）联系调换。
售书热线 : (020) 83790604 83791487 **邮 购 :** (020) 83781421

权威推荐

利雅卡特·艾哈迈德（Liaquat Ahamed）

普利策奖得主、《金融之王》作者

从森林火灾到洪水防治，从橄榄球头盔到防抱死刹车系统，从银行破产到传染病爆发，通过这些鲜活生动的例子，《源风险》阐明了我们在预防灾难的过程中导致的意外后果。这本有趣的书，将改变你对这个动荡世界的认知。

丹尼尔·H. 平克（Daniel H. Pink）

“全球50位最具影响力的思想家”之一

《源风险》是那种你读完后将久久回味的著作。在这本思想深刻、案例丰富的书中，格雷格·伊普迫使我们重新思考安全问题。他认为，人类的进步，需要以牺牲一定的安全性为代价。所谓的“安全”，未必安全。

蒂姆·哈福德（Tim Harford）

《卧底经济学》系列书作者

本书阐述了一个十分重要的问题，具有独创性，值得一读！

梅根·麦克阿德（Megan McArdle）

彭博视点专栏作家、《逆转》作者

从防抱死刹车到金本位，再到我们至今依旧受其困扰的金融危机，作者以娴熟的写作技巧将复杂话题解释得一清二楚。如果你想要知道，为什么看似安全的领域最终总是充满危险，那么你就必须要读读这本书。

塞巴斯蒂安·马拉比（Sebastian Mallaby）

《华盛顿邮报》专栏作家、《富可敌国》作者

你越安全，就要承担越多的风险。危机是成功之母，也是失败之母。为了防止灾难发生，格雷格·伊普的研究涉及多个领域，从金融恐慌到森林火灾等，巩固了自己在当代经济和人类环境领域的地位。

亚当·戴维森（Adam Davidson）

“Planet Money”电台联合创始人

如今，我们所处的世界危机重重，很多人要么对此无动于衷，要么惶恐不安。为了让我们正确对待眼前的风险，格雷格·伊普写了这本书。我们现在正需要这本书，因为世界已经变得如此复杂，而人类大脑已经无法正确辨别我们眼前的危险，但不要因为这本书重要所以才读它，而要因为这本书奇妙有趣、情节精彩，所以才读它。

徐景权

深圳市前海金融创新促进会秘书长、《新金融》杂志总编

本书极具独创性，是一部关乎人性与危机管理的佳作。

在后危机时代，黑天鹅频频光顾，灰犀牛不时肆虐而来，如何发现风险、识别风险、管理风险，不仅是金融从业者，是包括每个普通人在内都不能逃避的课题。

郑　磊

行为金融专家、全球金融科技实验室专家顾问

风险与收益，是人们做任何事情的一对关键考量因素，尤其在不确定的环境中，更需要区分不确定性和风险，识别和评估“源风险”，不管是“黑天鹅”还是“灰犀牛”，都对决策至关重要。这本书做了很好的探索，引导我们对源风险进行更深入的思考。

谢　兵

价值中国新经济智库高级合伙人

人类的一切经济活动、社会活动，都在实现从“现在状态”到“未来状态”的变迁，都要面对不确定性。因而，惧怕风险、只基于“眼见为实”来决策，会错失可能正确的选择。

《源风险》提供了更多维的视角，让我们能够对风险抱持正确态度，自觉地识别风险、利用风险，从而实有效决策，并采取正确行动。

《福布斯》（*Forbes*）

大部分重要的政治、经济和社会问题都会对我们造成困扰，而《源风险》能够改变我们对这些问题的思考方式。

《金融时报》（*Financial Times*）

让人愉快，激动人心。

《科克斯书评》(*Kirkus Reviews*)

一本关于冒险与危机的书……令人眼界大开。

《出版商周刊》(*Publishers Weekly*)

见解深刻，精彩有趣，对风险管理感兴趣的人不应错过。

《华盛顿邮报》(*Washington Post*)

一部简单易懂的历史，记录了美国对安全永无止境的追求。

推荐序 I

安全的假象

安德鲁·希尔（Andrew Hill）
《金融时报》副主编，专栏作家

1989年，美国发生了一起伤亡惨重的空难事故。事后，人们发起了一场抗议活动，试图说服美国联邦航空管理局要求各大航空公司为儿童乘客提供专用安全带。然而，成本效益分析的结果显示，在10年的时间里，这一措施只能让空难死亡人数减少5人。与此同时，如果人们放弃成本更高的飞机出行而选择驾车，公路交通事故导致的死亡人数将增加82人。

正如格雷格·伊普在这本有趣的书中告诉我们的那样，美国联邦航空管理局拒绝做出让步的做法很罕见。事实上，人类总是喜欢用各种办法来消除风险，然而，安全的表象下往往隐藏着危机。例如，当林火出现时，森林管理员多半会选择将其扑灭，而不会放任其在小范围林地上燃烧，尽管后一种做法可以预防更具毁灭性的火灾爆发。

在金融领域，各国央行想尽一切办法来应对衰退，减少恐慌，即便某些措施会播下下一次危机爆发的种子。

伊普选择在此时出版《源风险》一书或许并不是最好的时机，因为人们对金融危机的记忆正在淡化。近日，瑞士联合银行首席执行官告诉他的员工们，他们可以承担更多风险，不要害怕犯下无心之过。英国财政大臣向各大银行宣布了一项“新的解决方案”，预示着这一轮严厉的监管周期就此结束。

伊普将那些总喜欢插手干预的人称为“工程派”，而把那些喜欢保持灵活性，从而避免人为干预导致的非预期后果的人称为“生态派”。伊普谨慎地保持着与这两派人士的距离，没有参与他们之间的“拔河比赛”。本书开篇用大量篇幅阐述了危机如何在金融危机前的“大缓和”时期开始酝酿，并通过若干案例来说明防错机制的各种问题。

伊普回顾了他与美联储前主席保罗·沃尔克的会晤，指出沃尔克及其继任者各种暗示他们会拯救美国经济的行为，放大了人们的风险偏好。伊普表示：“他（沃尔克）歪着脑袋，眯起眼睛对我说：‘我不打算承担所有责任。’我接着问他，那你打算承担部分责任吗？他笑着说‘不’。”

但是，伊普也指出了戳破泡沫和限制企业发展的各种弊端。一项研究显示，脸书（Facebook）等互联网巨头借以发展壮大的大部分基础设施都是在光纤企业蓬勃繁荣的时期搭建起来的，尽管这些企业后来都破产了。

“我们很难预知一个泡沫的破裂是否有价值。”在探究如何权衡风险与安全的限度时，伊普指出，要为各种风险提供更大的“空间”，例如泛滥平原、隔离防火带和各种金融缓冲机制，并允许更多银行“安全地破产”，同时，将工程派和生态派的长处综合起来。

不过，复杂的人性让许多设计精良的修正方案变得无效。伊普曾问一位度假村的村长，为什么他们要将房屋建在飓风时常光顾的滨海地区。村长回答说："生活是一场冒险，换个说法，水就是卖点。"

推荐序 Ⅱ

零风险经济体只是乌托邦

林永青

价值中国新经济智库创始人

我们今天所处的世界危机重重，对此很多人要么无动于衷，要么焦虑惶恐。为了让我们正确应对眼前及未来的风险，格雷格·伊普写了这本《源风险》。

本书用了大量篇幅探讨了安全和风险这一对互为因果的矛盾实体。这本书不仅重要，而且奇妙有趣、情节精彩、引人入胜。大家可以自行开卷探索，收获裨益，而我愿意针对作者这些出人意料的论断，谈谈自己的见解。

承担风险是人类社会的一种自然状态，我们需要采取一种更加成熟、审慎的方法，去应对各个领域中出现的危机，即使那意味着偶尔会发生一些小的灾害。伊普解释说："我们必须现实一点，清楚知道自己能做些什么，要想经济发展，就不得不承担风险。"有些决策制定者喜欢消灭金融领域的一切风险，但伊普表示："我想不到用什么方法，可以创造出一个没有危机的零风险经济体，而且我也不认为，我们应活在一个这样的世界中。”

伊普的风险研究带给我们的最大启示或许是我们应该接受一个现实，即灾难有时候不可避免决策者的任务是把灾难造成的影响降至最小，而不是让灾难永不发生。正如伊普所说：“一个从不发生车祸或空难的世界，一定也是个既没有汽车，也没有飞机的世界。”

伊普认为，过度追求安全感，将带来更大风险。一直以来，稳定和安全都是文明社会最为关注的话题。人们都希望自己寿命更长、身体更健康、生活更富足。尽管如此，我们还是会遭遇灾难性的金融危机、毁灭性的自然灾害和致命的安全事故。仔细观察灾祸出现前的人类行为，我们会发现，这些灾祸大多是人类追求安全的过程中出现的意外产物。针对经济体中由稳定催生的自满以及紧随其后的危机，海曼·明斯基这样总结道：“稳定制造不稳定。”

可以这样说，两次全球性金融危机都是人类追求安全感的产物。在抗击通货膨胀后，美国进入“大缓和”时期。在这一时期，经济周期的正常波动受到抑制。借助风险更为可控的金融创新，购买房产和借贷变得更加安全。在欧洲，通过引入单一货币，各国试图消除破坏团结的货币危机和政治紧张。美国和欧洲的这些做法取得巨大成功，信贷大幅增长，不过这一切最终都被金融危机所终结。

近年来，人们常常将自然灾害带来的损失归咎于气候变化，但事实上，这些责任应由人类自己承担，因为我们经常把城市、人口、文明和财富集中在灾难多发地。

此外，某个领域对安全的追求，常会将风险转移至其他领域。20 世纪 80 年代，由于担心银行业危机再次爆发，美国政府加强了对银行的监管，但这并没有改变投资者或借款人的信贷需求，也无法打消他们进行高风险投资的想法。最后，这些信贷需求和风险被转移至监管较为宽松的影子银行。20 世纪七八十年代，公众的忧虑使新建核电站的步伐放缓，但对电力的需求并未下降。于是人们找到天然气等对健康危害更大的能源。

作为个体，我们无法评估他人的行为会如何变化。人生来自利，没有几人会愿意为了让整个社会更安全，而将自己置于险地，这正是抗生素被滥用的主要原因。为了患者或孩子的健康，作为个体的医生、家长都面临巨大压力，他们只好牺牲其他陌生人的利益。

保险是这种两难困境的经典范例。在减少投保人风险的同时，保险使承保人背负更大风险。大多数时候，保险是一种利润丰厚的业务，因为各种风险间互不相关，人寿保险的投保人不会同时死去，汽车保险的购买者也不会同时发生车祸。然而，当各种风险具有相关性后，风险共担的原理就会被打破，比如全国范围内的房价下跌，或者飓风、地震等自然灾害同时伤害数千名房屋业主。在这种情况下，保险公司会面临破产，投保人或许一无所得。

储蓄也是一种保险。个人为了对抗经济放缓而进行储蓄，国家也会未雨绸缪，积累大量外汇储备，但有人储蓄，就必须有人借贷。如果一个国家的储蓄率过高，就会拉低该国的利率，从而鼓励另一个国家向其借贷，由此形成债务驱动型的资产泡沫，引发金融危机。

如果利率已经降至最低，多存钱、少花钱的决策会让每个人的收入下降。身处这样的两难困境，人们应该做些什么？以伤害他人为代价，真能让自己所处的环境更加安全？或者，应该采取放任的观点，让系统按照自身规律运行？

有人认为，信心比黄金还重要。从 20 世纪 90 年代至 21 世纪初，萨默斯先后为克林顿总统和奥巴马总统效力。过去 20 多年里，他处理过多次重大经济危机。然而，萨默斯的反对者将金融危机的部分责任归咎于他。他们通过游说，成功阻止萨默斯担任美联储主席。

“金融系统扮演着中间人的角色，将正为未来消费而储蓄的人与需要这些储蓄资源的人联系起来，”萨默斯解释说，“当一些国家还贷出现困难，就会引起恐慌，因此就有必要增强他们的信心。这些原则不仅适用于国家之间，也适用于企业和个人之间。”

在萨默斯的危机理论中，信心占据核心位置。我们通常认为信心是好事，而道德风险是坏事，但萨默斯喜欢把它们比喻成同一事物的两面。由于存在道德风险，保护人们远离风险反而会鼓励他们去冒险。我们认定这种行为应该遭受谴责，但事实并非如此。

道德风险让人们愿意去做原本不情愿的事，承担本不愿承担的风险，而这些事情大多有利于改善经济。举一个最简单的例子，货币在市场中非常重要，互不相识的人可以通过货币进行交易。而货币具有这种功能，是因为人们对其怀有信心。如果人们不相信货币可以兑换实物，它就会变得毫无价值，商业活动也会慢慢萎缩。

与此同时，信心崩溃会造成巨大破坏。人们原本认为安全的事物突然变得一文不值时，就会引发金融恐慌。19 世纪的金融恐慌，根源就在于银行无法将货币兑换成实物黄金。到 21 世纪，为各类债务提供抵押的高评级 MBS 发生违约、大型银行突然倒闭，或者欧洲主权国家无法偿还贷款等事件，都会引发金融恐慌。

追求确定性的人类无法忍受这种不确定性，他们会抛弃不可靠的银行、有问题的票据甚至是无法按时还贷的主权国家。还有很多类似情况。比如在食品恐慌期间，人们将数百万磅的安全食品和被污染食品一道扔掉。

21 世纪的两次金融危机过后，许多人认为，问题的根源在于人类把安全感放在了首要位置。按照这一逻辑，政府对问题银行和问题国家的救助，引发了道德风险。只要消除道德风险，就能消灭金融危机。

这种观点很有吸引力。它明确指出，每个人必须对自己的安全负责，社会不必为他们的错觉买单。但是这里还存在几个问题。首先，安全感是一种感觉，而不是一条法规。你可以立法告诉民众，银行会破产；他们可能无法足额赎回货币基金；如果附近的堤坝溃堤，他们的房屋不会获得

保险赔偿 ；又或者，食用未煮过的食品会感染疾病，但如果他们从未经历过银行倒闭、基金违约、堤坝溃堤或者食物中毒，他们就不会改变自己的行为。此外，消除道德风险，也就消除了良性冒险行为。

我们不禁要问一问，风险和安全之间吊诡的关系，到底是为什么？我的答案是：数百年来社会变迁之快，复杂程度之高，早已大大超越了人类的认知。人类需要从牛顿式的确定性管理思维，进化到量子式的不确性思维。

牛顿思维重视定律、法则和控制，强调“静态”、“不变”，量子思维重视的却是不确定性、潜力和机会，强调“动态”、“变迁”。身处竞争激烈的21世纪，企业若仍然用牛顿思维来管理，强调员工只需听令行事、那必将陷入困境。企业需要新的量子管理思维，将每个员工视为特殊的能量球，放手让员工集体发挥创意。

资本主义的文化和商业实践，正在今天的世界陷入危机。由于过分追逐利润最大化，过度强调高管人员的奖金和股东价值，任意忽视公司长远发展目标，导致整个商业生态系统发展不可持续。

这是为什么？先抛开无限扩张的个人私欲所带到的负面后里不谈，过于追求理性至上、确定性思维，所带来的影响，也是“理性”的资本主义软肋。

FOOLPROOF

why safety can be dangerous
and how danger makes us safe

目　录

前 言

抛开错觉，重新认识风险

1989年10月13日，星期五，股市风平浪静，一些交易员早早就下班回家。下午3时，某航空公司收购失败的消息不胫而走。此消息一出，立即在股市引发了一连串抛售，截至当日收盘，道琼斯指数暴跌7%。

不久后，人们将这一事件称为“迷你金融危机”（The Mini-crash）。时至今日，大多数人已经不记得这件事，但在当时，它造成了很大恐慌。在这次“迷你金融危机”发生的两年前，人类刚经历了史上最严重的金融危机——黑色星期一（Black Monday）①。这次“迷你金融危机”再一次刺痛了人们的神经。那个周末，美国联邦储备委员会（简称“美联储”）的官员与外国同行交换意见后宣布，他们准备向金融系统注入资金。然而，在下周一股市开盘时，没有任何迹象证明有救市的必要性，道琼斯指数迅速反弹了上周五跌幅的50%。

第二天，美国一群最聪明的经济学家在马萨诸塞州剑桥市的皇家索尼斯塔酒店聚会。这次会议的主题是“迷你金融危机”。后来的美联储主

①指1987年10月19日（星期一）的股灾。当日全球股市在纽约道琼斯指数带头暴跌下全面下跌，引发金融市场恐慌。——译者注

席本·伯南克（Ben Bernanke）、英国央行行长默文·金（Mervyn King）以及2008年诺贝尔经济学奖得主保罗·克鲁格曼（Paul Krugman）等与会人士都确信，金融系统已经变得更加不稳定，但问题是经济为何还在持续增长？

劳伦斯·萨默斯（Lawrence Summers）曾在比尔·克林顿（Bill Clinton）总统主政期间担任财政部长，并担任过奥巴马总统的经济顾问。他曾提出这样一个理论：事实上，技术和金融创新制造了更多金融泡沫。他向与会者描绘了金融危机和严重的经济衰退一再发生的场景。他最后总结说："自'大萧条'以来，联邦政府在金融体系和普通人赖以生存与投资的实体经济间竖起了一堵堵防火墙：巨额联邦预算、存款保险以及最重要的、作风激进的美联储。危机时期没有一个积极行动的'最后贷款人'（Lender of Last Resort）①，这在现今几乎无法想象。"

海曼·明斯基（Hyman Minsky）教授是来自华盛顿大学圣路易斯分校的另一位与会发言人。经过数十年的潜心研究，他提出一个突破常规的商业周期理论。过去，这个理论在很大程度上被学者们忽视。他认为，自20世纪60年代以来，当局通过政府举债和美联储贷款的组合措施应对每一次危机，借此延缓另一次萧条的到来。他向人们提出警示，每一次成功避免危机，都是在饮鸩止渴，只会让金融体系在下一次危机面前变得更加不堪一击。他警告说："这种成功只是暂时的。"但也有些不大情愿地承认，这种"暂时"可能会持续相当长时间，毕竟距离上次出现萧条已经过去约50年。

保罗·沃尔克（Paul Volcker）是这次聚会的最后一位演讲者。在这次聚会的两年前，他刚刚卸任美联储主席。尽管沃尔克同意萨默斯的观点，也认为人类有了更多应对危机的工具，但他更认可明斯基的理论。他留意到那天早晨《波士顿环球报》（*Boston Globe*）登载的一幅漫画，该漫画刻

---

①即在出现危机或者流动资金短缺时，负责满足市场资金需求的机构。——译者注

画的是美联储承诺向市场注入资金的事情。漫画中有一张美元纸钞，上面写着“健忘合众国”（United States of Amnesia）[①]的字样。沃尔克表示：“我们在使用这些工具时似乎总有些用力过猛，这让我隐隐觉得不安。当反复而激进地使用这些工具时，我们是不是在强化这种令风险更加严重的行为模式？”

20年后，我们终于找到了沃尔克这个问题的答案。联邦政府平复经济波动、处理金融混乱的效率的确很高：1982—2007年，美国经济运行非常稳定，但正如沃尔克担心的那样，金融监管者为了维持稳定所采取的措施一直在鼓励风险，直到一场毁灭性危机徐徐拉开大幕时才宣告终止。

安全感是一种错觉？

过去十年是惨败的十年。全球经历了两次金融风暴的冲击，风暴中心分别位于美国和欧洲。这十年也是破坏性自然灾害频发、人类损失惨重的十年。人类深陷这种绝望处境的主要原因是自身的错误行为：对美国金融业的宽松监管和轻率态度，致使欧洲单一货币体系被削弱的政治分歧，福岛核电站和新奥尔良防洪堤的设计缺陷，还有在引发巨大破坏性的风暴、洪水和森林火灾等气候灾难中所扮演的角色。

我并不是要谈论人类的失败。恰恰相反，我在本书中将要论述“人类的成功”，还有这些“成功”所导致的许多相似的灾难。更为重要的是，我要论述我们可以从中吸取哪些教训。

美国2008年的金融危机，是此前25年经济稳定发展的结果。同样，这场可能导致欧元区崩溃的危机爆发，是因为人们深信欧元会永远保持稳健。“卡特里娜”飓风、“桑迪”飓风以及摧毁福岛市的海啸，夺走了无数人的性命，而这一切都可以归因于人类的工程师和定居者的决心——将城

①在英语中，“健忘症”一词与“美国”发音相近，首字母相同。——译者注

市和生活区建设在海边和河道附近。早在18世纪初，人类就开始在密西西比河沿岸建设防洪堤和其他工程，由此形成的河岸和洪泛区为人们提供了定居、务农和开展工业生产的场所。然而这也意味着，一旦防洪堤决口，就会有更多人受到洪灾冲击。无独有偶，为了让城市与工业设施免受海啸威胁，日本在沿海地区修建了许多防波堤，这一行为促进了这些地区的人口增长，许多核电站也将厂址选在海岸附近。今天，大规模的森林火灾经常肆虐美国西部地区，造成森林火灾频发的原因不仅是气候变化，还有几十年来美国护林人员过度灭火的行为。

这些事都有一个共同点：起初，它们都让人们感到安全，而这种安全感，反而招致了那些通常隐藏在表面之下的危险。

安全感会带来灾难，这一提法出自直觉。毕竟，这就是人类自满的代价：先让你放松警惕，自信膨胀，再打你个措手不及。青少年往往更容易相信自己会永恒不朽，对自身能力过于自信，于是你会发现他们在车祸、运动和爱情中受伤比例最高；富有传奇色彩的英特尔公司前首席执行官安迪·格鲁夫（Andy Grove）给商业领袖的建议是“只有偏执狂才能生存”；而雷欧提斯（Laertes）①为了让妹妹奥菲莉亚摆脱哈姆雷特的邪恶提议，对她说：“小心翼翼才最安全。”

大量研究都证明，干燥道路上发生的车祸大多是严重的交通伤亡事故，而积雪或结冰路面上发生的事故大多是小型车祸，仅造成轻微损伤。这是因为司机在雪地和结冰路面上开车时，车速更慢，也更加小心。与此相反的是，防抱死刹车系统（Antilock Brake System，ABS）和雪地防滑轮胎则给司机壮了胆，让他们敢于在危险环境中以更高速度驾驶。设计者希望这些预防措施能够降低伤亡概率，但其效果远低于预期。这是因为，提升安全性会纵容司机的不良驾驶行为，让本来谨慎的司机开得更加大胆。在职

①莎士比亚悲剧《哈姆雷特》（*Hamlet*）中御前大臣波洛涅斯的儿子，他的妹妹奥菲莉娅是哈姆雷特的恋人。——译者注

业体育领域，强化头盔可以减少颅骨骨折等身体伤害，与此同时，脑震荡的发生概率却出现上升。原因是，戴头盔的运动员会更加频繁、更加用力地撞击对手的头部。

有一次，我驾驶租来的汽车在雪地上高速过弯，因为我认为这辆前轮驱动车（那时还算一项新功能）比过去开的那辆后轮驱动车的牵引力更强，结果我撞到了路边的雪堆。还算幸运，我没受什么伤，只是有一点小小的挫败感；还有一次，我注意到孩子没有系安全带，就放慢了车速。我为自己在第一个例子中的冒险行为自责不已，对第二个例子中自己的加倍谨慎而感到自豪。这两种本能的直觉构成彼此的镜像。

这并不表示我们的安全感是一种错觉，在其他条件不变的情况下，那些东西确实可以让我们更加安全，但外部条件经常发生变化。随着我们所处的环境越来越复杂，人们之间的互动以及出现超出预期的后果和灾难的概率也越大。

在人类的技术史上，充满了因为对安全过于自信而引发的灾难。泰坦尼克号的船员们之所以在遍布冰山的海域高速航行，是因为他们相信这是一艘“永不沉没的船”。这种傲慢不仅来自于泰坦尼克号对抗沉船的特殊保障措施，更是时代的产物。在泰坦尼克号沉没的几年前，它的船长就曾说过，他想象不到发生什么样的状况，会让一艘现代化邮轮沉入海底。船长不是全凭想象说出这番话的。在那之前，世界上从来没有类似船舶遭遇撞击后沉没的先例。

然而近年来，类似泰坦尼克号的事故时有发生。

在英国石油公司的所有钻井平台中，“深水地平线”(Deepwater Horizon)有着最佳安全记录。可是这一成绩的取得，更多应归功于运气，而不是英国石油公司的管理文化。2010年4月的一个晚上，公司部分高管人员正在该钻井平台上查看详细的安全记录，但记录也到此为止——“深水地平线”发生爆炸，整个钻井平台被摧毁，11人丧生，同时这次事故还引发了史上最严重的漏油事件。

2009年，载有228名乘客和机组人员的法航AF447航班从里约热内卢飞往巴黎，飞机在穿越一片雷暴区时突然失踪。两年后，事故调查人员终于找到这架空客A330型客机的黑匣子。他们发现，副驾驶员当时曾拼命拉杆爬升，导致飞机在失速后极速下降。

目前，飞机失事的确切原因依然是个谜，但调查人员的其中一种解释指向内置于这款喷气式飞机中、用于保障飞行安全的防护装置。一旦驾驶员出现危及飞行安全的驾驶行为（比如使飞机失速），这类“电传飞行控制系统”（Fly-by-wire）就能越过驾驶员直接下达飞行指令。遗憾的是，在法航AF447航班的机身结冰后，飞机的自动驾驶仪停止了工作，取消了对驾驶员的行为限制。当飞机发出失速警告时，驾驶员选择置之不理，因为他认为这种情况不可能发生。

即便减少自身面临的风险的这一行为，也有可能反过来令我们处于危险之中。一项研究显示，配有ABS的车辆发生车头碰撞的概率出现下降，但追尾事故的发生率在增加，这显然是因为司机在刹车时更加用力。人们无法在脑中预先推演自己的行为到底会对他人造成何种影响，严格来说，这也不是他们的责任。

当大火威胁到得克萨斯州或加利福尼亚州郊区的房屋时，森林管理者的首要职责是保护人们的生命安全。然而，在抑制火灾发生的同时，他们却鼓励人们在低矮的灌木丛附近定居，并且放任森林生长得越来越茂密，进而为更大规模的火灾提供了燃料。

“零事故的系统不存在”

记忆和经验塑造了人类的行为。我们对危险的感知越敏锐，警惕性就会越强。在华尔街，敢于冒险的投资者能够获得丰厚的投资回报，而对过去的危机心有余悸的人，容易在机会面前犹豫不定。当他们的业绩和利润表现不佳时，客户就会另找他人。因此，交易可说是年轻人的职业。

这可以部分解释，华尔街为何总是出现令人痛苦的流氓交易员、大崩溃和“庞氏骗局”。同时，这也是在洪水和飓风灾害过去多年后，人们选择停止缴纳洪灾保险，重新在水边建造大规模住宅区的原因。2005 年，“卡特里娜”飓风摧毁了密西西比州帕斯克里斯琴镇（Pass Christian）的一座购物中心。可是，如果你现在去到那里，会看到购物中心所处的几个街区新建了许多独立产权公寓。事实上，被摧毁的购物中心所处的位置，原本是一栋公寓大楼，只不过在 1969 年时被“卡米尔”飓风夷为平地。

人们对危险的感知，会随着时间的推移而逐渐淡化，这是人类的本性。为了对抗这一本性，风险管理者、经济学家和监管者将历史教训融入他们的设计和制度中。这些人相信，性急的牛仔打不垮一家银行，自然也无力摧毁整个经济体。

整部文明史，就是人类不断努力，试图在这个充满危险、动荡的世界中获得安全和稳定的历史。从罗马帝国开始，政府一直在为它们的存在寻找正当理由，以确保政治和经济稳定。而自宏观经济学诞生以来，稳定就是其追求的首要目标。时至今日，中央银行早已认定，金融系统的稳定与经济稳定同样重要。它们会定期发布《金融稳定报告》，在金融稳定委员会（Financial Stability Board）[①]互相交换意见。

不过，正如细菌一样，人类社会和经济体天然就不稳定，随时处于变

①七个发达国家为促进金融体系稳定而成立的合作组织，前身是金融稳定论坛。2009 年 4 月 2 日在伦敦举行的 20 国集团（G20）金融峰会决定，将金融稳定论坛的成员扩展至包括中国在内的所有 G20 成员国，并将其更名为金融稳定委员会。——译者注

化之中，并在此过程中不断演化（通常是向着更好的方向）。稳定会带来幸福感，但也时常让我们产生错觉，令我们看不见那些逐渐累积的隐患，并做出一些破坏稳定的行为。

人类为创造更安全的环境所付出的努力，与其难以抑制、想要做大做强的欲望发生了冲突。随着城市、交通系统和金融市场间的联系愈加紧密，复杂程度日益提高，我们遭遇灾难的几率也随之增加。这一现象在科技、自然和经济等多个领域同时存在。正如法国医生、风险专家和前空军上将勒内·阿马尔贝尔蒂（René Amalberti）所说："零事故的系统不存在。"

在航空领域，空难事件已经很少见，要预测哪类事件会导致坠机也变得越来越困难。这可以解释，为什么类似 2014 年马航 MH370 航班在印度洋上空消失这样的事件，显得如此古怪。这就是人类不起眼的寻常错误，汇聚成一个足以颠覆整个经济体的系统性危机的过程。我们四周的环境在不断演化，某种曾被成功阻止的危险，可能会在另外的地方再度出现。而且就像变异的细菌一样，其危害性通常会变得更强。实际上，细菌是一个完美的例证——滥用抗生素使细菌变异为耐药菌株，导致每年有数百万人因此患病或死亡。

人类汲取历史教训而建立的各种系统，也在无意中放大了这一趋势。金融机构利用"风险价值"（Value at Risk, VaR）公式来监测风险。简单来说，VaR 是描述股价或汇率在近期市场出现最大波动时所造成的金钱损失。经历一段长时间的稳定期后，银行无疑会增加它的风险敞口。随着风险敞口的加大，波动超出预期后可能导致的投资损失也会增加，反过来促使人们匆忙抛售手中持有的证券资产，导致波动进一步加大。

这种对历史稳定数据的错误信任，解释了 2008 年金融危机的爆发根源。基于过去数十年数据所建立的模型，银行及其监管部门假定房屋抵押贷款足够安全，这必然会刺激银行扩大房贷规模，导致房价泡沫被放大。而事实上，这些模型并未计算房价下跌的可能性。假以时日，房价永远不会下跌的假定，必然会被房价下跌的现实所击垮。

我从未预测过金融危机，也不认为应该那么做。1989 年，我以财经记者的身份开始我的职业生涯。自那以后，我参与报道了无数的金融危机和市场紊乱。我仍清晰地记得，在我大学毕业几个月后爆发了“迷你金融危机”。当时我曾热切猜测星期一开市后市场会如何表现。我也曾怀疑，保护投资者免受市场波动冲击的做法是否明智。那年秋天，我向一位美联储理事发问：“只要市场有麻烦，美联储就会出手干预吗？”她回答道：“美联储有责任在金融系统受到威胁时采取行动。”

在接下来的几十年里，我见证过很多次市场危机，包括在我的祖国加拿大发生的、导致利率和汇率剧烈波动的财政危机，1992 年欧洲爆发的汇率危机，1998 年的亚洲金融危机和长期资本管理公司的陨落，还有随后的互联网泡沫。2007 年，我曾竭力寻找可能导致下一次危机爆发的因素：是住房价格、融资收购还是贸易赤字？然而，我当时并不是在寻找巨灾。直到现在，对当局应对危机的能力，我仍怀有深深的敬意。我那时认为，即便经济会出点问题，也会很快好转。

世界各国的中央银行也经历过类似的思维过程，甚至在 2006 年，伯南克正式就任美联储主席前，还召集过美联储的全体人员，询问他们为下一次金融动荡做了哪些准备。他的同事弗雷德里克・米什金（Frederic Mishkin）是一位对“大萧条”有过深入研究的银行专家，他对房价下跌 20% 可能导致的后果进行了调查。在一次面向各国央行行长所做的长篇演讲中，弗雷德里克表示，房价下跌后，美联储将会宣布降息，经济只会小幅萎缩 0.5%，而失业率几乎不会受到影响。

类似的情况也在欧洲出现。自第二次世界大战以来，欧洲的一体化进程在很大程度上可以被视为应对政治和经济危机的一种手段。法国政治家让・莫内（Jean Monnet）是欧盟的发起人之一，他这样说道：“欧洲将在危机中诞生，作为一个整体的欧洲就是所有危机解决方案的总和。”欧洲国家曾多次尝试将彼此的汇率挂钩，但总被一波波强大的投机攻势所破坏，其中尤以 1992 年为甚。欧洲各国领导人最终得出结论：单一货币会让这种投机性炒作成为历史。

欧元的成功远远超出该机制设计者的想象。1999 年，欧元开始发行。在随后的几年时间里，由于不用再担心货币贬值，来自北欧贷款机构的资金潮水般地涌入南欧国家，意大利、西班牙和希腊的利率直接降至德国的水平。然而，欧元的成功发行也使南欧国家累积了巨额债务，为后来的危机埋下祸根。这本来不是什么大问题，直到 2010 年欧洲央行行长让 - 克洛德·特里谢（Jean-Claude Trichet）宣布，当某个欧元区成员国需要向另一个国家借钱时，“借多少就会得到多少……因为你是欧元区的一员，理应得到帮助”。事实上，融资绝不是一种“自动行为”。当北欧的贷款机构开始担心南欧国家可能没有能力偿还贷款时，它们就从南欧的银行抽走资金，抛售债券，或者停止向南欧国家的公司发放贷款。

人们认为，泰坦尼克号的船长本应重视北大西洋上的冰山预警，各大银行和信用评级机构应该分辨出抵押贷款证券蕴含的潜在风险，而美国国家橄榄球联盟应该更加重视频繁脑震荡对球员健康的威胁。所在在这些事情发生后，对于谁应该承担责任，各方总是争论不休。

如果这些事件只是由工作中的不良行为所造成，那么可以通过制定并严格执行规则来解决，但如果仅将它们看作富有寓意的道德剧，我们就会错过一些重要信息，致使这些问题变得更加棘手。很多时候，伤害我们的并非那些邪恶的企图，而是善良的意愿。**那些保护人类免受经济、环境和技术危害的善意做法，为人类带来了巨大利益，但我们难以分辨，这些利益及其可能造成的后果到底是好是坏。**我们要明确安全与风险的界限，在两者之间找到一个合理的平衡点。这需要我们以一种开放的心态去研究历史，而这正是我在本书中所要做的。

FOOLPROOF

why safety can be dangerous and how danger makes us safe

第1章

不一样的事情，一样的逻辑

森林火灾与银行恐慌

20 世纪早期，美国遭受了两次重创，一次是人祸，另一次则是天灾。1907 年，一股可怕的恐慌情绪席卷纽约金融市场，让整个国家陷入了一段短暂而严重的衰退期。3 年后，在数千英里外的美国西部，大范围的森林火灾，让横跨蒙大拿州、爱达荷州和华盛顿州的广大区域笼罩在烈火之中，森林受灾面积近 5000 平方英里。这场大火还摧毁了数座城镇，夺去了 85 人的生命。

在此之前，商人将银行恐慌视为工业文明的必然产物，而西部移民则将火灾视为人类挑战自然的必然副产品。正如工业与农业的过度扩张带来银行恐慌一样，火灾也是移民、铁路和农耕活动向林区深入推进的结果。20 世纪早期的这两场灾难，成为美国人学习应对无序状态的转折点。

自 1776 年独立到 1907 年，美国经受了十多次明显的经济恐慌。解决办法之一，就是中央银行借钱给那些被储户团团包围，要求兑付现金的银行。在 18—19 世纪，美国人两次尝试组建中央银行，但出于对中央银行可能导致权力集中化的顾虑，又两次选择了放弃。政府管控会带来秩序与安全，但美国人更热爱自由，即使这种自由意味着无序和不确定。

然而，1907 年的大恐慌让公众舆论转向了另一个方向。“美国政府的职责是提供一种方法，让那些震动全国，对国家造成巨大危害的周期性恐慌不再发生。”大恐慌爆发次年，罗伯特·欧文（Robert Owen）在参议院如是说道。

欧文在弗吉尼亚州长大，是一位杰出铁路管理者的儿子。他曾经亲历 1873 年恐慌造成的危害——那次恐慌令他们家遭遇破产。父亲去世后，带有一半切罗基人血统的母亲，带着全家回到她出生的地方，也是印第安人的领地。在那里，欧文先是担任教师和印第安人事务代表，1890 年，他在俄克拉荷马州创立一家银行。

1893 年，几起大型铁路工程事故引发的恐慌，让欧文的银行损失过半。后来他回忆说：“这场恐慌对美国工商业造成的伤害，需要数年时间才能修复。”这一经历将欧文变成了中央银行体系的狂热支持者。1898 年，欧文从德国、法国、英国和加拿大游历归来后得出结论，这些国家的中央银行有能力“在金融恐慌对国家造成威胁时，迅速作出响应”，而美国做不到。1907 年，欧文进入参议院，不久后，他与人共同推动了一项立法。这项立法间接促成 1913 年美联储的诞生。第二年，美国银行业监管机构宣布：“从数学的角度来看，金融和商业危机，或者说‘恐慌’……以及随之而来的灾难和萧条，似乎已不可能发生。”

1910 年的大火，也改变了美国人对待自然灾难的态度，这场大火的波及范围和惨烈程度前所未见。它让两个经常意见相左的敌对方达成一项共识——森林火灾会造成对林木资源的可怕浪费。在那之前，他们还在和当地的印第安人争夺生存空间，并采用燃火开荒的方式开辟牧场，但 20 世纪早期，美国人改变了对待自然资源的态度。伐木业经营者想要砍树来获得木材，而时任总统的西奥多·罗斯福（Theodore Roosevelt）想把它们变成国家公园。

火灾发生后几个月，西奥多·罗斯福的密友、美国国家森林局第一任局长吉福德·平肖（Gifford Pinchot）这样写道：“我们现在知道森林火灾是完全可控的……人类的首要责任就是控制其赖以生存的土地。”平肖认为，消防工作对经济发展至关重要，“‘保护’意味着‘防止浪费’。这个国家的人逐渐认识到，浪费不是件好事，必须予以制止”。在平肖及其继任者的努力下，这个新兴的消防局变成了一个致力于保护森林的机构，旨在让森林向工业界和普通人提供服务，而对抗火灾成为其主要任务。

100 年后，恐慌和森林火灾仍未远离我们。2008 年，一场灾难性的金融危机爆发，让全世界陷入自 20 世纪 30 年代以来最严重的衰退。与此同时，大规模的森林火灾再次成为常态：2002 年，一场山林大火令亚利桑那州近百万亩森林毁于一旦，这场火灾造成的损失超过了接下来 10 年森林火灾总损失的 5 倍。

这是否说明美联储主席和森林局局长的工作失败了呢？从所肩负的职责来看，无论是对经济体还是森林，他们的“灭火”行动都大获成功，但正是这种成功播下了未来灾难的种子。同时，这也说明人类对安全感和稳定的需求存在根本性矛盾：**人们为了更安全所做的种种努力，时常会引发抵消行为，让之前的努力化为泡影。**

经济、环境甚至人体都会去适应周围的事物。一旦周围环境看起来更加安全，各种系统就会容许更多风险的存在。100 多年来，人类成功地让这些系统服务于我们，也因此享受了很长一段稳定发展期，但这种长期的稳定状态总会以一种无法预料的方式被打破。

在自然方面，扑灭小型火灾会让大型火灾更具毁灭性，因为小型火灾被扑灭后，森林中会积累更多的树叶和枯枝。当火灾真正成型后，这些丰富的燃料会让火势更加凶猛。

研究古树年轮和湖底沉积物中的木炭的科学家知道，在过去 2000 年的大部分时间里，森林大多在气候炎热干燥的时期被烧毁，而在气候凉爽湿润时很少发生火灾，但这一规律在 20 世纪突然发生了改变：由于森林管理者在对抗森林火灾方面的努力，虽然气候变得更加干热，森林火灾的发生率却在下降。可是，几十年的灭火行动所积累的密集林木，为火灾提供了丰富的燃料，再加上气候变暖，森林火灾变得越发凶猛。

在经济方面，有关 2008 年金融危机产生原因的分析不计其数。人性的贪婪是大家普遍接受的原因之一——金融家明知道购房者无力偿还贷款，却依然向他们放贷，并让纳税人为此买单；政府是导致金融危机爆发的另一个元凶：为了追求“居者有其屋”的政治愿景，政治家和社会活动家刺激低收入家庭购买高价房。还有一种理论认为，那次金融危机是某种周期性狂热心态作用的结果。类似的例子还很多，包括 17 世纪大众对郁金香球茎的疯狂迷恋，20 世纪互联网股票在美国的热炒。

然而，以上因素仅仅是金融危机爆发的部分原因。在接下来的章节中你将看到，人类多年来成功对抗危机和衰退所获得的安全感，才是金融危机爆发的“罪魁祸首”。

在这场全球性金融危机爆发前的 25 年里，世界经济运行异常稳定：衰退十分罕见；通货膨胀稳定在较低水平；美联储、美国财政部和国际货币基金组织（IMF）等全球经济“救火队”，成功遏制了几场周期性的金融危机（1987 年股市暴跌和 1997 年亚洲金融危机）。经济学家把这段时期称为“大缓和”（The Great Moderation），并将之归因为企业经营方式发生改变（减少库存）、美联储变得更加自律和灵活，且有能力将通胀和衰退扼杀在摇篮中。

最终，2008 年的全球经济，就像一片数十年未遭大火侵袭的森林，积蓄了大量由杠杆、风险和自满情绪构成的“干柴”。危机爆发后，便势不可挡。

天真的干预

政府的目标之一，是让民众的日常生活更安全、更有保障。在过去的一个世纪里，政府在这一点上做得不错：我们的公路和天空变得更加安全，传染病的死亡率大幅下降，绝对贫困人口也在减少。至少到 2008 年时，严重的经济衰退已经成了历史。

恐惧感使我们远离麻烦，但也让我们失去了许多乐趣。对于生活在恐惧中的人来说，他们的字典中没有冒险、探索和成长。不安充斥着现代人的生活：一方面，父母们为保护孩子不被坏人伤害，每天接送孩子上学放学；另一方面，他们又担心孩子受到过分保护，长大后失去生活能力。

类似的不安也让那些调控经济走向、承担环境管理之职的人痛苦不堪。他们分成两个思想学派，我把其中一个学派称为工程派，另一个称为生态派。工程派总是尽可能利用人类的知识、能力来解决问题，让世界变得更加安全和稳定；而生态派始终不认同工程派，他们认为，考虑到人类社会与自然环境的复杂多变，工程派总是容易造成更糟糕的结果。

工程学本身是一个古老的专业。工程派曾参与美国陆军工程兵团对内陆水道的开发，为美国早期的经济发展做出过贡献。而工程学的崛起始于 19 世纪末 20 世纪初的“进步时代”(Progressive Era)[①]，是政府解决问题的一种重要方法。在当时两股重要社会力量的作用下，人们相信开明的管理者有能力保护社会，使其免受变化无常的市场和自然环境的危害。

第一股力量，来自社会科学和自然科学的惊人进步。在工业化、机械化日益普及的刺激之下，商业和经济演变成一门科学。1890 年，

①指 1890—1920 年，美国的社会行动主义和政治改良纷纷涌现的一个时代。——译者注

英国经济学家阿尔弗雷德·马歇尔（Alfred Marshall）出版其具有开创性的著作——《经济学原理》（*Principles of Economics*）。自那时算起，经济学已经诞生百余年。然而，正如马歇尔指出的那样，“经济学作为一门科学，还处于起步阶段……现代工业的复杂性和专业性，赋予决定不同事物相对价值的原因以新的精度和地位”。

马歇尔让人们认识了供求曲线。在这些优美曲线的帮助下，消费者和生产者看似毫无规律的行为，在视觉上变得有序起来。今天的经济学本科生一眼就能认出它们。与此同时，在医学领域人们对于人体的了解也取得类似突破。德国化学家保罗·埃尔利希（Paul Ehrlich）发明了针对单个病原体的化合物。1906 年时他还预测，人类最终将发明出一种能够消灭所有病原体的“魔弹”。在接下来的数十年里，人类在抗生素和疫苗领域取得的突破，似乎已将这一预言变成现实。

这些新突破让专家们相信，只要有足够的决心和深入的研究，人类就能了解、掌控大自然和经济学的复杂规律，专业研究随之日益制度化：1885 年，美国经济协会成立；1900 年，美国林业协会成立；1905 年，美国社会学协会成立；1909 年，美国规划协会成立。

第二股力量，来自政治领域，它与第一股力量相互影响。随着美国经济的工业化，身价百万的资本家和大型企业手中积累了越来越多的财富和权力。这一趋势在 19 世纪末遭到强烈抵制。对“镀金时代”资本家行为的反感和研究制度化带来的进步使人们相信，政府可以成为一股促进公平和效率的力量。

西奥多·罗斯福和伍德罗·威尔逊（Woodrow Wilson）这两位总统是“进步时代”的主导人物。在罗斯福执政时期，自由主义作为经济管理的指导原则退出舞台，取而代之的是更为积极、强硬的政府干预。《谢尔曼反托拉斯法》（*Sherman Antitrust Act*）于 1890 年通过后基本未起作用，但罗斯福借助这部法律，加强了对反垄断的管控，并通过立法规范食品、药品和州际贸易。此外，他还扩大了国家公园体系。他的许多举措都受到先进的科学管理思想影响。罗斯福的友人、美国国家森林局第一任局长平肖在森林经营管理方面造诣颇深，他曾在欧洲接受过相关的教育。在那里，森林被视为一种珍贵的农业资源，而不只是等着被烧掉的木材。

不过，在货币制度改革这个当时的重大经济议题上，罗斯福无所作为。1907 年大恐慌期间，他更多地是一个旁观者。实际上，他乐于见到恐慌对银行家内心造成的恐惧。这让与他同时代的人认为，他是经济领域的外行人，但恐慌刺激了欧文这样支持建立中央银行的人，并最终促成一个国家层面的改革委员会的诞生。就像 10 年前的欧文一样，改革委员会的成员访欧归来后，建议美国仿照英国、法国和德国的模式，建立中央银行。

伍德罗·威尔逊与罗斯福一样，对大企业持怀疑态度。作为普林斯顿大学的前任校长和唯一拥有博士学位的美国总统，威尔逊对政府角色的观点源自社会科学，他希望用最好的方法（通常来自国外）来管理美国经济。

对威尔逊影响较大的是英国经济学家白芝浩（Walter Bagehot），他曾在《经济学人》（*The Economist*）杂志任职，对专业管理人员在政府中发挥的作用称赞有加。白芝浩在 1873 年所著的《朗伯德街》（*Lombard Street*）表达了他对中央银行必须扮演"最后贷款人"这一角色的坚定意见。他认为，在民众感到恐慌时，中央银行应该主动提供资金以对抗高利贷。威尔逊被《朗伯德街》所表述的观点深深吸引，他评价这本书"充满了敏锐的洞见"。

1913 年，威尔逊就任美国总统。那时，他已认识到建立中央银行的必要性，只是在考虑让谁来管理中央银行。欧文当时担任参议院银行委员会主席，他想由政府指派人员来管理中央银行。而来自弗吉尼亚州的众议员卡特·格拉斯（Carter Glass）则认为，中央银行应该保持独立。最终的方案综合考虑了两人的意见。

1913 年圣诞节前，威尔逊签署《联邦储备法》（*Federal Reserve Act*），并称之为“和平宪法”。他这样说道：“我们接下来要做的，是维护和平，实现稳定繁荣，并且继续勇往直前。”在前往墨西哥湾享受假日之前，威尔逊向欧文表示感谢，称他在意见不一的国会“完成了一项相当棘手的任务……整个国家的人民都非常感激和钦佩你”。

工程派现在拥有管理经济的强力工具——更大的监管权、中央银行和收入所得税，但他们欠缺有效使用这些工具的方法，且并未对最终应实现哪些目标达成共识。

美联储的第一批领导人对于美联储的权限意见不一。有人认为，美联储的权力应该限于在流动性短缺时向银行提供资金。不过，美联储纽约银行负责人、美联储实际掌权人本杰明·斯特朗（Benjamin Strong）采取了更激进的举措——第一次世界大战期间，美联储主动向美国政府提供资金。一战结束后，为避免通货膨胀，美联储又提高利率，结果引发了一次短期的严重衰退。为了避免这类衰退再次发生，斯特朗率先采用公开市场操作——通过买卖政府债券，调节信贷和经济的波动。

在 20 世纪 20 年代，这一举措取得了非常好的效果，一些顶尖的经济学者由此认为，经济萧条将不再出现。在一张海报中，美联储将自己比作固若金汤的大坝，银行则用这张海报来打消客户的疑虑。欧文·费雪（Irving Fisher）是美国最受尊敬的经济学家之一，他在 1929

年秋天宣布，股价已经立足于“永恒的高地上”。这或许是经济学历史上最著名的胡言乱语。

1929年，美国经济滑入其建国以来持续时间最长、程度最深的衰退期。时至今日，有关“大萧条”产生的原因依然存在激烈争论。20世纪30年代有一种理论认为，“大萧条”的产生是因为工程派管得太多。以弗里德里希·哈耶克（Friedrich Hayek）为首的几位奥地利经济学家指出，经济繁荣导致了一些对高风险项目的过度投资。他们还说：“我们需要对经济降温，从而清除这些过多的无用资产。”另一位奥地利人约瑟夫·熊彼特（Joseph Schumpeter）这样写道：“不要认为经济衰退只有负面影响，从而千方百计地去遏制。衰退的出现，有时是一种必要的调整。任何对萧条采取的补救措施都会干扰这种调整。”

曾担任赫伯特·胡佛（Herbert Hoover）政府财政部长的安德鲁·梅隆（Andrew Mellon）也有着同样的观点。他认同“大萧条”的调整作用。梅隆曾对胡佛说：“要清算劳工，清算股市，清算农场主，清算房地产……这样可以把体制内的腐朽之物清除出去，高昂的生活成本会降下来，人们会更努力工作，过上一种更道德的生活，他们价值观将发生转变，有进取心的人将接过平庸者手中的烂摊子，重振经济。”

哈耶克和梅隆这些生态派学者认为工程派管得太多，而工程派的看法正好相反——他们认为自己做得太少。在市场刚露出崩盘迹象时，美联储立即向银行注入资金，然后贷款给经营正常的银行，但这些措施不足以克服衰退，因为衰退的主因是海外的数千家银行轰然倒塌。费雪将“大萧条”出现的责任归咎于美联储，因为美联储放任通货紧缩。随着物价和工资水平的下降，固定价值的负债变得难以承受。费雪认为，美联储必须通过扩张性货币政策来恢复物价、结束通缩。然而，那时没有多少人听得进他的观点。“大萧条”不但抢走了费雪的财富，还让他失去了听众。

胡佛于 1928 年就任美国总统，他在这两个学派间左右为难。胡佛本身是一个相信市场力量的共和党人，但从职业和秉性来说，他又是一个工程派学者。他后来这样写道 ：“工程师的职责是用生命、安慰和希望将科学的朴素真理包裹起来。”

1921 年，还在担任沃伦·哈定（Warren Harding）政府商务部长的胡佛，负责安排定期出版经济学统计数据，从而使一些经济工程变得可行。胡佛认为梅隆的本意很好，但作为美国总统，他没有采纳梅隆的建议，而是竭尽全力，试图将美国从“大萧条”中挽救出来。例如，设立复兴金融公司，向正受存款外流问题困扰的银行提供贷款。然而，这还不够，直到 1933 年富兰克林·罗斯福继任后，物价和产量螺旋下跌的趋势才被止住。罗斯福下令所有银行停业整顿，让美元对黄金贬值，对美联储进行改革，并大幅扩张政府在市场中的作用。

经济可以被管理，这在当时还是一种很新颖的说法，也招致相当多的争议。在宏观经济的运行方式上，经济学家并未提出一种能涵盖一切的理论。阿尔弗雷德·马歇尔揭示了个体市场的运行方式，即现在所说的微观经济学。当某种商品需求下降时，它的价格就会随之下跌，直至需求恢复至原有水平——这种情况被称作“均衡”（Equilibrium）。假定整体经济遵循这样的运行方式，那么，如果劳动力需求突然出现萎缩，在恢复充分就业前，劳动者的工资会持续下降，因而不会有长时间的非自愿失业。基于这种理论，经济体的运行在很大程度上可以进行自我调节，联邦政府也就没有必要出手干预，这意味着政府小一点也可以。

然而，20 世纪 30 年代的“大萧条”证明，经济体无法依靠自身达到均衡状态。政府能让情况变得更好，也能让它更糟，这是英国经济学家约翰·梅纳德·凯恩斯（John Maynard Keynes）提出的革命性洞见。凯恩斯在 1936 年出版的《就业、利息和货币通论》（*The*

General Theory of Employment, Interest and Money）一书中，将商业投资描述为“受到一波又一波乐观情绪和悲观情绪驱动”的行为。

对于一家非常悲观的企业，即便利率为零也无法诱使其进行投资。为保证财务安全，理性的人都会加大储蓄，但如果每个人存得多、花得少，会导致所有人的收入下降，没有人可以过上好的生活，经济运行也会一直处于低迷状态。凯恩斯将这一现象称为“节约悖论”(Paradox of Thrift）①，这种现象最终会导致经济达到一种糟糕的均衡状态。政府应承担一项责任：如果个人和企业既不借债也不花钱，政府就必须将经济拉回“充分就业”状态，让每个想工作的人能找到工作。

稳定制造不稳定

费雪和凯恩斯构建了一个知识框架。借助这个框架，政府能够引导经济远离泡沫和萧条。从政治角度来看，时机已经成熟。“大萧条”所带来的灾难，使公众更容易接受一个激进的政府。富兰克林·罗斯福不仅加大了政府的经济责任，还扩大了政府对自然环境的监管范围。自 1920 年以来，美国国家森林局的官员一直认为，他们控制火灾不力的原因，就是缺少人员和物资。

1933 年，曾亲自参加 1910 年森林大火扑救工作的格斯·西尔科克斯（Gus Silcox）就任美国国家森林局局长。几年后，他颁布著名的“上午十点”政策。该政策要求，火灾一旦被发现，必须在第二天上午十点前得到控制。

这项政策透着一股十足的傲慢，但其精神非常符合那个时代和富

①根据凯恩斯主义的国民收入决定理论，消费的变动会引起国民收入同方向变动，储蓄的变动会引起国民收入反方向变动，但根据储蓄变动引起国民收入反方向变动的理论，增加储蓄会减少国民收入，使经济衰退，是恶的，而减少储蓄会增加国民收入，使经济繁荣，是好的。这种矛盾被称为“节约悖论”。——译者注

兰克林·罗斯福本人的胃口。研究火灾历史的学者史蒂芬·派恩（Stephen Pyne）曾写道："罗斯福将自己视为一位颇具绅士风度的护林人。双腿功能丧失前，他最后做的事情之一，就是扑灭一场发生在缅因州海岸的大火。而火灾发生时，他正在芬迪湾的一艘小船上。"

西尔科克斯宣称，美国国家森林局是一个促进经济发展的部门，

图 1.1 "可耻的浪费削弱了美国的实力！"

图片来源：美国林业局

有助于消除农村贫困和失业率。罗斯福乐于接受这种说法。民间资源保护队（The Civilian Conservation Corps）是"罗斯福新政"中最大的一项创造就业计划，该计划为数千名失业人员和单身青年提供种树和森林消防工作。

20 世纪 40 年代，预防森林火灾被提升至公民义务的高度。在一幅 1953 年的海报中，黑熊斯莫奇（Smokey Bear）手握铁锹，指着正在燃烧的森林废墟说道："可耻的浪费削弱了美国的实力！"

工程派对环境安全的诉求，渐渐从森林防火扩大至预防洪灾。19世纪末以来，在控制密西西比河下游汛情方面，联邦政府和美国陆军工程兵团承担起越来越多的责任。1912年和1913年的两次洪灾，催生了1917年颁布的首部联邦防洪法案。“大萧条”进一步强化了人们认为河流应该为经济服务的观点。1934年，国家资源委员会宣布：“为保证国家的利益，政府应对所有流动的水资源加以控制，无论是只能覆盖一两英亩浇灌面积的细流，还是密西西比河的宽阔水域。”

因此，在第二次世界大战末期，工程派承担了环境保护和经济运行的大部分责任。1946年，《就业法案》（*Employment Act*）获得通过。该法案支持联邦政府“为那些有能力、有意愿的求职者提供有益的工作机会，从而促进充分就业，提高社会生产力和购买力”。

然而，在此后20年，学者们在这一新共识上产生分歧。事实证明，无论经济还是自然环境，都没有像工程派想象的那样，服从人类的管理。吉尔伯特·怀特（Gilbert White）是一位默默无闻的地理学家，当时在政府任职的怀特正利用业余时间攻读芝加哥大学的研究生课程，他指出，20世纪30年代的堤防和水坝兴建热潮不仅没有解决洪水问题，反而创造出新的问题：越来越多的房屋、工厂和农田修建在洪泛区，导致洪水漫过堤坝后，造成更大的损失。

在林业领域，生态派学者们开始一点点地弱化国家森林局所宣扬的文化。这种文化主张“不惜一切代价抑制林火”。1962年，肯尼迪政府设立一个咨询委员会，负责就如何管理好国家公园内部的生态系统提供建议。该委员会的负责人是动物学家、自然保护运动创始人的儿子斯塔克·利奥波德（Starker Leopold）。利奥波德在次年发布的报告中，呼吁学习东非大草原的管理经验，将森林大火作为一种管理的手段重新引入国家公园。他在报告中这样写道：“在很大程度上，可控的大火是最‘自然’的，同时也是成本最低、最方便的管理方式。”

经济领域也在发生着类似的转变。许多非芝加哥大学的学者认为，政府管制没有达到预期的结果，是因为它没有考虑人的适应能力。虽然联邦政府的监管在不断扩大，但乔治·斯蒂格勒（George Stigler）认为，监管者最后往往只是服务于被监管者，而不是消费者。斯蒂格勒的学生萨姆·佩尔兹曼（Sam Peltzman）提出一个更为大胆的说法：旨在让消费者感觉更安全的监管，或许会造成完全相反的效果。1975年，佩尔兹曼发表一项颇具争议的研究报告。该报告认为，安全带会鼓励司机做出更多危险的驾驶行为，从而导致更多行人丧生。

学者们很快就在船舶、足球等不同领域发现了类似的行为，并将这类现象称作“风险补偿”（Risk Compensation）、“风险平衡”（Risk Homeostasis）和“人性因素”（Human Factors）。经济学家们将这些现象统称为“道德风险”，指当人们受到保护，能够免于危险行为所带来的后果时，他们就会冒更多的风险。

宏观经济学也遭到类似批评。肯尼迪的支持者认为，他们能够以货币政策（如利率）和财政政策（如预算）来刺激需求和就业，让经济实现充分就业。这一政策在一段时间内的确发挥了作用，但它也提高了通胀水平。

1967年，米尔顿·弗里德曼（Milton Friedman）预计，当工人们习惯越来越高的通胀水平时，他们会要求更高工资，从而使任何增加劳动需求的想法流产。到20世纪70年代，失业率和通货膨胀率双双上涨，经济衰退更加严重。弗里德曼的预言得到证明。

玛格丽特·撒切尔（Margaret Thatcher）、罗纳德·里根（Ronald Reagan）和其他保守派人士十分认同弗里德里希·哈耶克对政府干预的怀疑态度，哈耶克由此成为一颗冉冉升起的明星。

1974年，哈耶克荣获诺贝尔经济学奖。在获奖感言中，他对同行们热衷于研究经济工程学的行为进行了抨击：“认为我们可以根据自己的喜好来塑造整个社会进程，会使我们深受其害，因为我们并不具备这样的能力。”

到20世纪80年代初，通过大幅增加财政支出或者减免税收来对经济进行微调的财政政策已经走到尽头，不仅学院派经济学家极力地反对，政治领袖也避之唯恐不及。而且随着预算赤字的大幅攀升，公众已不堪重负。

但是通过调整利率来控制通胀和衰退的货币政策，不仅没有被遗弃，反而更受欢迎。在普通民众中，保罗·沃尔克、艾伦·格林斯潘（Alan Greenspan）及其他中央银行家享有英雄般的赞誉。25年来，失业率和通货膨胀率稳步下降，经济衰退出现的次数也越来越少。

这可不是一件小事。在未出现衰退的年份，失业率每下降一个百分点，都意味着数千亿美元财富和收入的增加。对于这一货币政策的不利影响，大多数经济学家都没有看到，只有一人例外。他不认同哈耶克，反而支持凯恩斯的观点。这个人就是海曼·明斯基。

明斯基出生于1919年，他的父母在一次为庆祝卡尔·马克思（Karl Marx）100周年诞辰的聚会上相识，两人都是虔诚的社会主义者。一开始，明斯基也信仰社会主义，并曾加入美国社会党的青年组织。作为哈佛大学毕业生，明斯基与奥地利学派的泰斗熊彼特、凯恩斯最具影响力的追随者阿尔文·汉森（Alvin Hansen）保持着密切合作关系。

凯恩斯认为，为避免出现经济萧条，我们需要一个庞大而积极的政府。明斯基对此表示认同，但他同时认为，凯恩斯主义模型没有考虑金融系统。这些模型假定中央银行对货币供给、信贷和利率拥有完全的控制权。明斯基则认为，货币供给量和信贷规模不取决于中央银行，而在于金融创新。如果美联储为了控制通货膨胀而限制银行扩大信贷，华尔街的创新者就会想出新的信贷方式来绕开银行，借钱给那些有借贷需求的人。

明斯基指出，创新将经历三个阶段：

第一阶段是“对冲”，主要是为了满足企业控制风险的合理需求

第二阶段是“投机”，主要为价格不断上涨的资产提供资金；

第三阶段是“庞氏骗局”，投资者不得不借更多的钱，用来偿还以前借款的利息。

美联储维持经济繁荣景象的时间越长，金融体系在以上三个阶段就走得越远，因而变得越来越不稳定。总之，明斯基的理论可以概括为一句话——稳定制造不稳定。

明斯基认为，工程派学者控制经济体运行的努力最终会弄巧成拙，因为他们总是假定下一次经济危机就是最后一次。然而，由于金融创新的存在，这一假定永远都不会成立。当采取措施限制银行放贷时，工程派没有看到银行系统之外的资金流动。明斯基将中央银行家们比作 1940 年在马其诺防线（Maginot Line）①后面等着纳粹军队发起进攻的法国将军，随时准备迎接最后一场战争。事实上，由于金融系统一直在进步，“下一场金融危机，永远也不可能是最后一场金融危机”。

从 1957 年开始，明斯基在他人生的后 40 年里持续扩充他的理论，并不断向人们加以阐述，但他只获得了少数来自华尔街的支持者，绝大部分经济学家并不认同他的理论。学院派经济学家凭借对数据的严密统计学分析，或建立在精致模型上的有序理论获得认可。明斯基对这两者毫不在意，他的论文有着浓厚的散文气息，有时会略带夸张。

虽然在圣路易斯的华盛顿大学任教，但明斯基对教学和科研均不感兴趣。明斯基的助教、后来成为基金经理的艾瑞克·福根斯坦（Eric Falkenstein）回忆说：“他的高级课程都成了‘明斯基主义’课程班。”

①法国在第一次世界大战后，为防德军入侵而在其东北边境地区构筑的堡垒体系。——译者注

明斯基不讲授宏观经济学模型，而更喜欢向学生们讲述伟大经济学家的事迹，或者从报纸上摘录的故事，并借此来阐述他的理论。有一年，当时的系主任劳伦斯·梅耶（Laurence Meyer）以表现不佳为由拒绝给他加薪，愤怒的明斯基在后面的几年里都没有和梅耶说过一句话。“明斯基把同一篇论文写了一遍又一遍”梅耶后来告诉我，“但他写得并不好，我情愿是自己来写那篇论文。”

明斯基是一个不易相处的人，此外，他的论文实用性不强。经济学家通过建立模型来预测结果，以尽力模仿自然科学：如果某件物品的价格上涨，销量就会成比例地下降；当利率上涨至 x，就业率就会下滑至 y。明斯基不认同这种精致的模型。他认为，通过推演确立的趋势，正是趋势崩溃的原因。信心会与信贷一同增长，直至某个事件打断这种增长趋势。那时，伴随着信心与信贷悄然增长的金融脆弱性就会暴露出来。问题在于，崩溃点何时会到来？与其他人一样，明斯基也无法给出确切的答案。危机在本质上不可预测。“明斯基总认为市场崩溃即将来临。”福根斯坦回忆道。

至少有一次，明斯基猜对了。1987 年 10 月 16 日，星期五，福根斯坦用期权大幅做空股市。到下周一，股市果然出现暴跌。福根斯坦给他昔日的导师明斯基写了一封信，他说：“你的理论马上要让我发大财了！”明斯基对此感到非常高兴。他预计，这次股市崩盘虽然不会带来大萧条，但会让经济进入一段衰退期。

这一次，他和许多经济学家都判断错了：经济运行良好。许多人都不明白这是为什么。1989 年 10 月，在上次危机爆发两年后，40 位学者受到美国国家经济研究局的邀请，齐聚剑桥大学，探讨股市崩溃的原因。所有人都预计情况会进一步恶化。然而事实是，危机来了又走，几乎没有对经济造成任何影响。保罗·克鲁格曼表示，自 20 世纪 30 年代以来，美国经济从未在股市波动如此剧烈的情况下在 7 年中一直保持增长，既没有走向失控的繁荣，也没有陷入衰退的泥潭。

明斯基认为，好日子难以持续。他警告说："金融不稳定的假说过于悲观。资本主义的缺陷就在于，金融危机和经济危机的爆发是它的一种内生现象。"

尽管明斯基也是这次剑桥聚会的嘉宾之一，但在到场的诸多学术巨匠中，他仍然是一个相对的局外人，没有引起太多的关注。沃尔克则完全不同。虽然已经卸任，但他依然受到很多人的尊敬。沃尔克是一个悲观主义者，这或许是因为他处理危机的经验比在场的其他人都丰富。他说："我认为经济正变得越来越脆弱，我们的经济扩张速度太快。"尽管拥有非常多应对危机的工具，但人们过于依赖这些工具。20 世纪 70 年代，沃尔克曾任纽约联邦储备银行行长。他认为："在一个兼具稳定性和灵活性的组织内，我们需要更强的风险意识，但说起来容易做起来难。"

沃尔克的担心反映出他的先见之明，却又极具讽刺意味。整个 20 世纪 80 年代，在使用工具调控经济危机方面，没有任何人比沃尔克做得更多、更成功。最终结果是，美国人享受 20 多年的低通胀和经济稳定增长，但是失去了对市场的恐惧心理，下一场全球性金融危机的种子已悄悄埋下。

FOOLPROOF

why safety can be dangerous and how danger makes us safe

第2章

“上帝啊，千万别发生在我的地盘”

疲于奔命的“救火队长”

保罗·沃尔克从未想过，要让整个世界变得更安全，但所有事情都在朝着这个方向发展。20 世纪 70 年代初，沃尔克因在财政部任职时的出色表现而声名鹊起。自那时起，各种问题就不断向他袭来。1971 年，由于人们对于用美元兑换黄金已不再抱有信心，于是沃尔克推动美元彻底与黄金脱钩。1975 年，纽约市濒临破产边缘，而沃尔克当时刚入主纽约联邦储备银行（美联储 12 家银行中最重要的一家）。一次晚宴上，美国城市发展部门的领导理查德·拉维奇（Richard Ravitch）问沃尔克，美联储会采取何种措施拯救纽约市。沃尔克回答道：“如果我们救了纽约，就不得不救其他地方的人。”如此一来，纽约市只得另谋他法。

1979 年，沃尔克就任美联储主席后不久，就接连遇到 3 个相互关联的问题：通货膨胀、债务危机和银行破产。20 世纪 60 年代以来，美国的通胀率一直在上涨。1979 年，伊朗发生动乱，全球油价飞涨，美国的通胀率升至两位数。沃尔克准备将利率上调至有史以来最高的 20%，以抑制高通胀。然而，许多拉美国家曾借入大量美元贷款，高利率无疑会影响他们的偿贷能力。如果借债的拉美国家违约，那些借钱给它们的美国大银行就将面临破产。解决这些问题占用了沃尔克大部分的时间，不过这也为下一个繁荣期的到来奠定了基础。

20 世纪 70 年代，美国的各大银行大肆向海外扩张，把从阿拉伯石油出口国得来的美元借给拉美国家，帮助它们填补贸易逆差。到 1982 年，随着利率不断飙升，拉美国家出现违约似乎只是早晚的问题。为偿还银行贷款，墨西哥耗光外汇储备。沃尔克深知，如果墨西哥出现违约，大量美国银行就会破产。为了争取时间，他让美联储借钱给墨西哥，掩盖其外汇储备告急的状况。沃尔克希望，即将在秋季就任的墨西哥新总统能够实施必要的经济改革，恢复民众的信心。然而，到当年 8 月，沃尔克的希望破灭——等不到新总统到任，墨西哥政府就要破产。8 月 13 日，沃尔克开始呼吁其他国家的领导人安排过桥贷款（Bridge Loans）[①]，帮助墨西哥渡过危机。

沃尔克的下一步，是说服各银行将墨西哥即将到期的贷款延长一个月期限。几个月来，沃尔克频繁与时任墨西哥财政部长的赫苏斯·席尔瓦·赫尔佐克（Jesús Silva Herzog）举行会晤。他安排赫尔佐克及其债务专家安赫尔·古里亚（Ángel Gurría）与纽约的银行家们会面，试图找到一个理想的解决方案，但这里面的风险大得惊人：如果墨西哥违约，某些银行就会彻底破产。沃尔克认为，他不适合出席墨西哥与其债权人之间的会议，所以赫尔佐克只好单独出面。第一次会议的气氛非常紧张，出席者是少数几家银行代表和美联储、财政部及纽约联邦储备银行的官员。第二次的会议规模更大，有更多银行代表参加。

赫尔佐克是一位举止优雅、魅力超凡的男士，对戏剧情有独钟。抵达曼哈顿下城区后，赫尔佐克抬头望着那些美国大银行的总部大楼，悄声对古里亚说：“每次踏上纽约的人行道，我都感觉这些大楼在颤抖。”他一会儿表情严肃，一会儿又极其高兴。对于一个即将参加一连串紧张谈判的人来说，这很罕见。

---

①指金融机构 A 拿到贷款项目之后，由于缺乏资金，无力运作项目，于是找金融机构 B 商量，让它帮忙发放资金。等 A 金融机构资金到位后，B 再退出。——译者注

在第二次会议上，赫尔佐克敦促美国银行家在行事时考虑一下自身利益，在偿还贷款上给予墨西哥更多的时间和弹性。“我们没钱，而且我认为强迫墨西哥还钱并不符合你们的利益，”他对在场的银行家这样说道，“实际上，我认为你们有必要再借给我们一些钱。”正如古里亚后来回忆的那样，与会的银行家都明白，一旦墨西哥出现违约，许多银行都将破产。他们也知道，不久后，巴西和阿根廷也会出现类似问题。只要有一家银行决定收回贷款，其他银行就会紧随其后，因为最后行动的人可能血本无归。到那时，所有银行都将蒙受损失。

银行家们既愤怒又困惑，更重要的是，他们缺乏足够的信息。墨西哥的债务种类繁多，规模各异，既有短期贷款，也有石油钻井平台租赁合约。赫尔佐克尽力回答银行家们的问题，并将技术性问题交给古里亚。然而还有很多问题没有答案。会议进程越拖越长，问题也变得更加难以回答。赫尔佐克决定为会议增添一些轻松幽默的气氛，缓解一下债权人的情绪。他说：“你们看，我的名字叫赫苏斯（Jesus），他的名字叫安赫尔（Angel）[①]，因此你们尽可放心，不会有事。”

沃尔克并没有解决这次危机的完整计划。他关注的重点在于，让银行不要在经济可能出现衰退的节骨眼上逼迫墨西哥违约，进而引发全球性的银行恐慌。因此，在最初几次会议之后，他们又举行多次后续会议和磋商，最后各大银行达成一致，同意延长墨西哥债务的偿还期限，并借钱给墨西哥人偿还利息，从而维持墨西哥具备偿债能力的假象。

沃尔克成功阻止了一次银行危机的爆发，但不久后又出现一次银行危机。美国第七大银行之一的伊利诺伊大陆国民银行（Continental Illinois National Bank）经历快速增长后，在 1984 年初成为一个大麻烦。由于大陆国民银行的存款纷纷逃离，美联储只好主动提供资金。

从理论上讲，这是美联储的职责所在：如果一家经营正常的银行

① Jesus 和 Angel 在英文中分别代表“耶稣”和“天使”。——译者注

因为陷入恐慌的存款人抽走存款而面临破产，美联储可以为它输血，避免其陷入崩溃，但那时的大陆国民银行并不是一家健康的银行。它扩张得太快，资本却远远不够。大多数银行的资金来自个人储户的存款。这些存款可以获得保额 10 万美元的联邦保险，所以相对稳定，但大陆国民银行的存款主要来自机构、企业和富人，数量庞大但缺乏保证。一旦嗅出危险的味道，这些资金就会迅速出逃。

美联储本来不应该借钱给问题银行。一般来说，大陆国民银行的股东和不受保存款人应该承担损失，但问题是，出现麻烦的银行不止大陆国民银行一家，全美范围内的银行都受到拉美债务危机及油价、土地价格崩盘的冲击。

20 世纪 80 年代，得克萨斯州有 9 家大银行倒闭。沃尔克指出，如果大陆国民银行倒闭，另外 7 家规模更大的银行将紧随其后。因此，沃尔克不仅借钱给大陆国民银行，还敦促美国联邦存款保险公司提高 10 万美元的保险额度上限。当这家慢慢走向破产的银行无人接手时，联邦存款保险公司成了它的第一大股东。对于一家主要职责是监管银行，并在必要时关闭银行的机构来说，这是一个陌生的角色。针对美联储救助大陆国民银行一事，一位国会议员发表评论说：“现在出现了一批‘大而不倒’的新银行。”

在沃尔克卸任时，危机远未结束。1987 年，沃尔克继任者艾伦·格林斯潘上任几个月后，股市再次崩盘。格林斯潘宣布下调利率，与此同时，他的同事们极力说服银行借钱给遭受沉重打击的华尔街交易商，由此才得以勉强避免一场全国股灾的爆发。而 1989 年的小型股灾没有酿成大祸，或许也要归功于美联储提供的援助。

沃尔克在 1982 年和 1984 年采取的措施，格林斯潘在 1987 年和 1989 年的行动，为后来 25 年的决策者应对危机提供了模板。在维持稳定的低水平通货膨胀的前提下，美联储可以采取任何手段来防止衰退和金融系统崩溃，但这种模式的后果呢？在 1989 年剑桥大学举行的会议上演讲时，沃尔克正是被这个难题所困扰。

2013 年末的一个下午，我在纽约洛克菲勒中心的办公室里见到沃尔克。办公室的窗外，圣诞树上的灯光闪烁不定。在沃尔克身后的书架上，摆放着一堆有关金融危机的书籍。他担任公职期间得到的纪念品，散落在办公室各个角落。在此次拜访期间，沃尔克还在忙着为修复金融系统出谋划策，例如禁止银行利用自有资金参与交易，精简庞大的监管机构等。沃尔克当时已经 86 岁，不过对于 20 世纪七八十年代发生的许多重大事件仍记忆犹新。在谈话过程中，他对相关的人物和事件依然信手拈来。

我注意到，他并不认可美联储在 2008 年金融危机期间救助众多公司的行为。于是我问他，为什么在 1984 年他会选择救助大陆国民银行呢？他回答说："那时候有麻烦的不止大陆国民银行一家。"他指的是当时同样面临麻烦的大通银行和美国银行。

后来，我提到他在 1989 年剑桥聚会上的言论。他说："作为纽约联邦储备银行的主席，我一直认为，只有允许银行倒闭，它们才会吸取教训，整个国家才会有所进步，但是上帝啊，千万别发生在我的地盘。"

我问他："为了维持经济体稳定运行而频繁干预金融系统（正如他和继任者所做的那样），是否会放大人们的风险偏好，让他们误以为总会有人来挽救经济？"他把头歪到一边，眯起眼睛对我说："我不打算承担所有责任。"我接着问："那是否应该承担部分责任？"他笑着说："不。"

对沃尔克、格林斯潘等人所实施的干预措施与金融危机之间的关系，我们很容易错误解读。比如批评者总是在说，如果那些金融家和投资者不为他们的愚蠢行为付出代价，他们今后肯定还会犯同样的错误。但这种说法并不准确，真实情况要复杂得多。在解救一家陷入困境的银行，或者挽救濒于崩溃的金融系统后，沃尔克及其继任者并没有沾沾自喜，他们在努力寻找危机爆发的原因。不过，当个人、企业甚至整个国家（如墨西哥）都在为承担过多风险而付出代价时，人们却没有从中吸取教训，或者说，得出了完全相反的结论——经济体在很大程度上不会受金融不稳定的影响。人们由此去冒更大风险。1979年沃尔克就任美联储主席时，企业负债和家庭负债占国内生产总值（GDP）的比重为 95%，而到了 2008 年初，这一比重变为 171%。

金融创新的本质，就是找替罪羊

人们常常认为，是监管放松引发了 2008 年金融危机，例如取消“大萧条”时期颁布的《格拉斯 - 斯蒂格尔法案》(*Glass-Steagall Act*)，将投资银行业务与商业银行业务严格地划分开。这种观点显然过于简单化。在金融危机爆发前的数十年里，政府在很多方面放松了监管要求，也出台了许多管制措施，如提高资本需求等。而且某些管制的放松，的确加强了银行的竞争力。在此过程中，监管者认为他们的做法实际上修补了过往规则中的漏洞，并让银行更加稳定。他们认为，《格拉斯 - 斯蒂格尔法案》鼓励优质借款人发行债券，而不是从银行贷款，导致银行的客户都是风险性很高的借贷者，而允许银行承销债券和其他证券可以弥补这一不足。

与此同时，比放松管制危害更严重的，是“善意的忽视”，即不去监管那些能够取代银行部分功能的金融创新。这么做确实能让银行更加安全，但对整个经济体来说，这种安全感很虚幻。大部分风险被转移到银行体系之外，比如美国国家金融服务公司（Countrywide Financial）这类抵押贷款公司。如果这些所谓的影子银行一直保持在较小规模也还好，但事实正好相反。到 2008 年金融危机爆发时，许多影子银行已经变得比银行还大。

沃尔克时刻准备为银行提供支持，因为银行是金融系统的核心。它们受到密切监管，并通过存款保险和美联储贷款获得充足支持，但沃尔克不认为影子银行应该享受同等待遇。

保罗·沃尔克在修复银行系统方面所做的努力，导致风险转移到影子银行。在任美联储主席的最初几年，沃尔克担心银行承担过多风险，却没有受到足够的监管。沃尔克就任纽约联邦储备银行行长不久，花旗银行（现在的花旗集团）的传奇总裁沃尔特·瑞斯顿（Walter Wriston）就前来拜访，向他解释为什么花旗银行不需要任何资本。瑞斯顿表示："如果我们有麻烦，我会拿出当年的盈利去解决它。对我们来说，一年的亏损不可能高于利润。因此，我们根本不需要任何资本。如果我们选择保留一些资本，唯一的原因就是董事会里的保守派坚持这么做。"沃尔克回忆说："当知道花旗的可用资本如此少时，我十分震惊。不只是花旗，那段时间里几乎所有银行都是这样。于是在就任美联储主席后，我采取行动，要求各大银行增加资本金。"

资本充当着缓冲器的作用：它可以吸收坏账带来的亏损，为存款人的资金提供安全保护。资本表现为很多种形式，通常有普通股、优先股及某些特定种类的债务。假设某家银行有 100 美元贷款，其中 95 美元来自存款，5 美元为自有资金。只要这笔贷款的 6% 成为坏账，其价值就缩水为 94 美元，小于银行对存款人的负债。这将消减银行股本，令其陷入危机。正如沃尔克所想的那样，要想防止银行过度冒险，就要迫使其持有更多资本，避免被不良贷款拖垮。

对于全世界的"瑞斯顿"来说，这种想法很可怕。银行家不喜欢资本充足率（对银行所持资本的要求，表现为资本与资产的比率），而且他们认为，这会削弱银行的盈利能力。假设资本充足率为 5%，银行每增加一美元股本，就能发放 20 美元的新贷款。如果资本充足率为 10%，银行只能发放 10 美元的新贷款。

到 20 世纪 80 年代初，因为监管部门的宽容，许多银行才免于破产，这足以证明瑞斯顿此前的判断错误。沃尔克下定决心，不能让资本不足击倒银行。1985 年，他开始启动提高资本充足率的程序。不难想象，这一举措遭到各大银行的抵制，因为这会让它们在与监管更为宽松的国外银行竞争时处于劣势。

为了创造公平的竞争环境，沃尔克与英国同行合作推出一些改革措施。1988 年，全世界都开始推行这些措施，当时格林斯潘已经出任美联储主席。美国与其他主要大国一道通过了第一个《巴塞尔资本协定》(*Basel Capital Accords*)。自那以后，银行的资本充足率从 4% ~ 6% 提高到 8%。但也有例外：由于政府债券几乎没有风险，因此未设定资本充足率要求；而考虑到抵押贷款的安全性高于企业贷款和消费贷款，其资本充足率要求也仅为 4%。

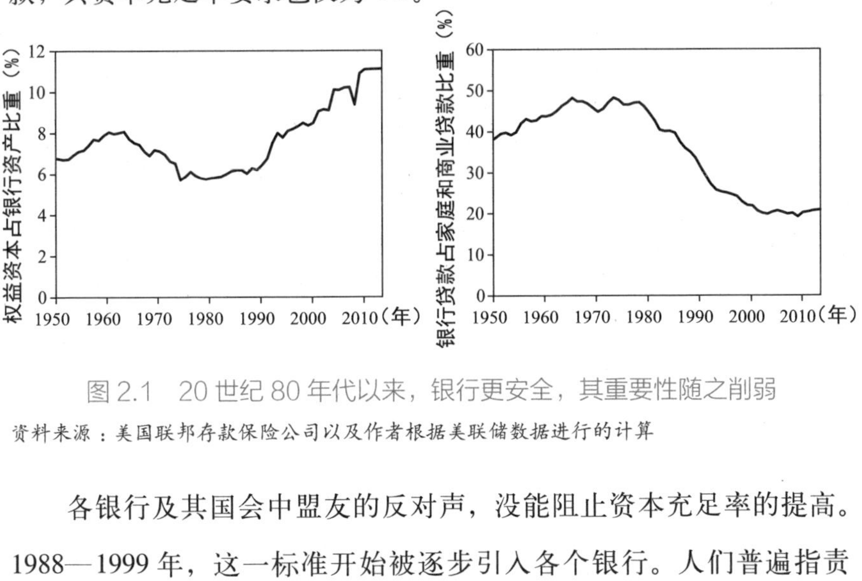

图 2.1　20 世纪 80 年代以来，银行更安全，其重要性随之削弱

资料来源：美国联邦存款保险公司以及作者根据美联储数据进行的计算

各银行及其国会中盟友的反对声，没能阻止资本充足率的提高。1988—1999 年，这一标准开始被逐步引入各个银行。人们普遍指责这一标准加剧了 1990—1991 年的经济衰退，拖累了经济复苏。“感谢巴塞尔制造了信贷危机”，1992 年，美国证券交易委员会前主席理查德·布里登（Richard Breeden）和联邦存款保险公司前主席威廉·艾萨克（William Isaac）在专栏文章中读到这样的文字。

尽管提高资本充足率的做法在某些圈子中不受欢迎，但其还是以一种特别的方式为银行提供了支持。更高的资本充足率要求和更严厉的监管增加了传统的揽储和放贷成本。在揽储和放贷时，金融机构也越来越擅长于另辟蹊径。最重要的渠道是资本市场。借助资本市场，大公司得以绕过银行向养老基金、共同基金这类大型投资机构发行债券和商业票据。

20 世纪 90 年代，金融创新使得发展中国家和家庭也能绕开银行融资。对于一个国家而言，布雷迪债券（Brady Bonds）是最理想的方案。这一名称来自美国前财政部长尼古拉斯·布雷迪（Nicholas Brady）。银行在新兴经济体数十亿美元不良贷款的重压下艰难前行。它们急需找到一种方法，让资产负债表变得更加漂亮。布雷迪想出一个计划——将银行的不良贷款转化为债券，并将这些债券出售给投资者。

类似的创新还有资产证券化。银行总是将个人贷款打包出售，出售对象常常是其他的银行。但从 20 世纪 70 年代开始，所罗门兄弟公司的路易斯·拉涅利（Lewis Ranieri）突然想到，可以将众多抵押贷款、信用卡贷款或汽车消费贷款统统打包成一个“抵押贷款支持债券”（MBS）或者“资产抵押债券”（ABS），再把它们像企业债券一样卖给投资者。

这种做法原本是为了让银行等机构通过将这些贷款出售给投资者，并利用贷款收益来创造新的贷款，从而达到增加抵押贷款供应的目的。但监管部门还发现了资产证券化的另一个作用：它使得问题银行和健康银行同时摆脱了那些潜在的高风险贷款。1989 年，为了处置问题金融机构的贷款，美国政府成立重组信托公司（Resolution Trust Corporation），将这些贷款进行证券化。出于同样的考虑，美国政府还创立了房利美（Fannie Mae）和房地美（Freddie Mac）两家公司。一旦这些公司认为某笔贷款符合承保标准，它们就会为该抵押贷款支持债券提供违约担保。到 21 世纪初，银行开始将常规贷款转化成可以出售给投资者或者留在资产负债表中的债券。举个更具体的例子，某个银行财团可以向企业发放一笔贷款，然后再把这笔贷款出售给共同基金。

资本市场和资产证券化的发展，使得美国经济对银行的依赖程度稳步下降。1979 年，银行贷款占美国家庭和企业信贷需求的比重为 46%。2007 年，这一比重下降至 20%。填补这一差额的，是众多金融公司和投资银行等机构。它们要么创造了大量可证券化的新贷款，要么为企业债券提供了担保。

监管者觉得这是一件好事。他们认为，既然以前的金融危机总是与银行有关，那么对银行业加强监管，并将银行的大部分风险转移给资本市场，银行业就会更加安全。21 世纪初发生的一些事件，也间接印证了这一点。2003 年，格林斯潘满意地指出：“即便历史上最大规模的企业违约（世通公司和安然公司）和最严重的主权债务违约（阿根廷），也没有对美国任何主要金融中介机构造成重大损失。”

在那之后不久，格林斯潘谴责了房利美和房地美两家公司，因为它们暗示政府为危机提供支持。但在当时，他认为这两家公司有助于让银行系统更加安全。在格林斯潘看来，通过促进资产证券化，这两家公司帮助高杠杆的信贷发放者（尤其是银行和储蓄机构），将信贷风险转移到低杠杆的保险公司、养老基金、共同基金和其他投资者。

监管机构传统的关注焦点一直是银行，因此，它们直到 2007 年还表现得十分乐观也就不足为怪。那时，银行资本十分稳健，风险最大的抵押贷款主要来自新世纪金融和美利凯斯特等金融公司。然后，投资银行将这些抵押贷款证券化后卖给全球各地的投资者。除了房利美和房地美外，没有太多理由担心这场抵押贷款危机会让金融系统崩溃。

经济领袖们不仅从 80 年代的银行危机中得到教训，后来的每一场危机都让他们避免危机重演的决心更坚定。以 1987 年股市崩盘为例。

股票经纪人和做市商出于自身利益，在市场上买卖股票。他们中的许多人，在市场处于最低点时遭受重大亏损。在随后的改革措施中，人们设计了熔断机制来防止股市急剧下跌，同时要求进行股票买卖的证券商扩充资本金。此后的几十年里，美国股市遭遇无数次熊市，但再也没有出现 1987 年那样股市全面崩盘的情况。

1998 年，俄罗斯发生债务违约，对冲基金巨头长期资本管理公司（LTCM）濒临破产，市场一片混乱。美联储 3 次降息，并通过其主要债权银行救助 LTCM。对于自己及其监管下的银行忽视了 LTCM 的情况，美联储感到十分震惊。于是，它开始指示银行密切监视其对冲基金客户使用的杠杆水平。虽然两大内部对冲基金的倒闭促成了贝尔斯登的破产，但对冲基金并不是后续危机爆发的主要原因。

此外，国外危机还触发了旨在使全球经济更加稳定的改革。20 世纪 90 年代初，墨西哥依然延续其在一二十年前的做法，向外国大举借债。不过，这次墨西哥是发行与美元挂钩的短期国债，而不是向银行借款。1994 年，比索汇率狂跌，导致墨西哥的债务成本大幅飙升，美国和 IMF 对墨西哥进行救助。墨西哥从这次危机中吸取教训，开始采用浮动汇率并坚持发行本币债券。2008 年，当发达国家陷入危机时，墨西哥央行行长轻松地说："这次的受害者不是我们。"

此外，如今几乎没有人记得，1990 年德崇证券公司的破产，曾是美国历史上最大的投行破产案，"垃圾债券之王"迈克尔·米尔肯（Michael Milken）就在该公司任职。德崇证券通过发行商业票据（本质上是一种短期贷款）向投资者（而不是银行）借钱，只提供还款承诺，而不用房屋或长期国债等资产做抵押。

通常来说，人们认为有抵押的融资更加安全，因为如果借款人破产，贷款人有权没收抵押品。这就是为什么房屋抵押贷款的利息，比无任何抵押品做担保的信用卡贷款的利息要低。2010 年，几位美联储经济学家所做的一项研究提到，证券公司、分析师和监管层对德崇证券的破产进行了反思。券商开始限制使用无担保的商业票据，转而兜售国债等有抵押的担保贷款。例如，贝尔斯登在2006年的财报中吹嘘说，它已经开始“广泛采用有抵押的担保贷款”。

贝尔斯登的有担保贷款包括所谓的“回购贷款”（Repo loan）。“回购”一词，很可能会让你想到一个要求收回你小汽车的人。回购贷款差不多也是这样。类似贝尔斯登这样的投行会向货币市场基金借一笔为期数天或一周的短期贷款，并用国债等有价证券为其提供担保。

有担保融资常被认为万无一失，它既扩大了贷款规模，也不会让金融系统承担更大的风险。然而，面对规模日益庞大的回购贷款，作为抵押品的国债出现了短缺。于是，证券公司开始使用 MBS。这种证券与国债一样，具有 AAA 信用评级。2008 年，贷款人开始对 AAA 评级的 MBS 表示担忧，拒绝为采用这种方式的回购贷款进行再融资。贝尔斯登倒闭的主要原因，就是它无法为已经到期的回购贷款再融资。考虑到德崇证券的前车之鉴，这样的事情本不应再发生。

德崇证券的例子充分说明，**看似可以降低风险的金融创新一旦被广泛采用，就容易产生相反的效果，让整个金融系统面临更大的风险**。另一个例子是 MBS 的流行。美国的银行大多是区域性银行，因此非常容易受到本地房地产危机的冲击。马萨诸塞州和得克萨斯州的衰退，将许多地区银行逼到了破产边缘。MBS 使这些银行可以在全国范围内借款，从而减小了地区性房地产危机对其整个投资组合的影响。由于历史上从未出现过全国房价的整体下跌，所以投资者愿意持有一种多元化的抵押贷款投资组合。MBS 的多元化优势，降低了借款者的成本，大量信贷资金由此流向房地产市场——相信全国房价永不下跌的投资者，铸成了房价的下跌。

有些银行家和投资者也认为房价会下跌，MBS 可能会卖不出去，但这些人只是少数。他们要么保持沉默，要么被市场忽略。大多数人坚信，抵押信贷市场基本不存在问题。从一线的银行从业者，到公司高管等最接近市场的人士，都将他们的个人财富和企业与 MBS 捆绑在一起，这更加证明了 MBS 很安全。

“金发女孩”经济，不一定有好结局

部分决策者表示，通过为银行提供保障，他们已经击败影响经济稳定的两大威胁之一——银行恐慌。而影响经济的另一大威胁——通货膨胀，通过各种方式危害经济：

首先，抑制通胀的种种措施，往往会造成失业率上升或带来衰退；

其次，不断高企的生活成本会令人非常沮丧（实际上，正是民众的不满情绪将吉米·卡特（Jimmy Carter）拉下了总统的宝座）；

最后，通货膨胀也是 20 世纪 80 年代让各银行陷入困境的原因之一。

20 世纪六七十年代，随着通胀水平的上升，利率也在水涨船高。银行和储蓄机构在低利率时代放出贷款，后来却不得不为了吸引和留住存款而支付更高利息，这让它们承受了巨额亏损。

这时的决策者认为，恢复繁荣与稳定的最佳手段是击败通货膨胀。沃尔克将通胀水平从 13% 拉低至 4%，代价是美国经济在 1980—1982 年陷入深度衰退，完成收尾工作的人则是艾伦·格林斯潘。

1987 年，格林斯潘就任美联储主席。就像多年后他告诉我的那样，当时他最重要的任务就是防止沃尔克在抵御通胀方面做出的努力付之东流。格林斯潘说到做到。就任美联储主席数周后，格林斯潘便说服他的同事同意将美联储贴现率上调 0.5%。当然，这在很大程度上只是一个象征性举措，但很明显是针对通货膨胀发起的一次先发制人的攻击。没过多久，沃尔克对格林斯潘给出一个评价："现在，你已经成了一位中央银行家。"为了完成沃尔克留下的工作，格林斯潘引发了 1990—1991 年的经济衰退。在那以后，通胀率进一步下滑，降至 3% 以下，并长期稳定在这一水平。

低通胀带来一个良性循环。低通胀维持的时间越久，就会有越多的企业和家庭在此前水平下设立工资和物价标准，让低通胀得以自我延续。这让经济紊乱的情况更少出现，企业在进行价格调整决策时消耗的时间和精力也更少。因此，当通胀水平再次高企并出现剧烈波动时，即便失业率居高不下，美联储也会延缓削减利率，以此避免物价再次加速上涨，但是一旦通胀率被锚定在某一低位，威胁经济增长的因素成为现实，美联储能够更加自如地降低利率。这一点在 1998 年秋表现得尤为明显。当时，美联储为应对长期资本管理公司引发的混乱，宣布短暂削减利率。在互联网泡沫破灭和"9·11"恐怖袭击事件后的 2002 年和 2001 年，美联储进一步削减了利率，降息频率也越来越高。2001 年的经济衰退，是二战以来最温和的一次。

20 世纪 90 年代经济平稳增长，通胀水平保持稳定，后来人们称之为"金发女孩"（Goldilocks）经济——经济既不太热，也不过冷。2002 年，经济学家马克·沃森（Mark Watson）和詹姆斯·斯托克（James Stock）提出一个更为宏大的说法。将大量数据输入电脑模型后，两位经济学家发现，自 1984 年以来，经济增长的波动、通胀率和利率水平都呈现显著下降的趋势。

探究商业周期为何趋向平稳发展的理论不胜枚举：一些人认为这是运气使然（如较少出现石油价格冲击），另一些人则认为是由于经营方式得到改善（如更严格的库存管理）。然而，在 2002 年加入美联储、精通货币政策历史沿革的经济学家本·伯南克指出了一个更为重要的因素——美联储善于将通货膨胀扼杀在萌芽状态。美联储对通胀的控制能力越强，政府就越能够将更多精力投入到解决失业的问题上。因为通胀水平较低，企业也能够更精确地管理库存。尽管石油价格仍会上涨，但其导致工资、物价螺旋上升的可能性大大降低。人们相信，美联储不会允许这样的情况再次发生。

不过，低通胀也会有其不利的一面。低通胀在促进整体经济稳定运行的同时，也为经济注入了不稳定因素，而这正是金融危机爆发的原因。理论上来说，某家企业盈利前景的可预测性越强，就会有越多投资者购买它的股票（这也适用于债券和住房）。例如，可口可乐的股票市盈率一直以来都高于其他公司，因为它的盈利非常稳定。同样的逻辑也适用于整个经济体，这也证明了股票市场高位运行的合理性。

20 世纪 90 年代末，凭借其对股市精准的长期看涨观点，高盛公司的艾比·约瑟芬·柯恩（Abby Joseph Cohen）成为华尔街最著名、最受关注的策略分析师。通过培训，柯恩后来成了一名经济学家，通货膨胀是她看涨观点的核心。根据她的理论，当通胀率稳定在较低水平时，经济体既不会出现明显的繁荣，也不会有严重的衰退。这种情况下，投资者对预期盈利变为现实的信心十足，他们愿意为此投入更多金钱。股票的历史平均市盈率为 14 倍，但柯恩注意到，在低通胀的 20 世纪 60 年代，市盈率是 22 倍。

但实际上，高估值通常变化不定，它的持续时间与经济的稳定性有关。一旦增长前景变得不确定，投资者的认知就会发生变化，导致股票估值暴跌。当柯恩的预测在随后的熊市中遭受巨大打击时，这一点表现得更加明显。

此外，低通胀还是房价上涨的推动因素之一。高通胀下的高利率会拉高贷款购房者的借贷成本，使他们压缩抵押贷款规模。当借贷者的收入跟着通胀水平水涨船高，他们的还款压力也会变小。与之相反，低通胀时，较低的利率水平会降低购房者的购房成本，让他们有能力承担更多的抵押贷款，导致房价上涨。

事实证明，高通胀和低通胀都不利于金融稳定。20 世纪 20 年代的美国和 80 年代的日本，都处于低通胀之中，经济稳定增长，但依然出现了股市泡沫。在 2002 年互联网泡沫破裂后，格林斯潘也指出了这一点。当通货膨胀得到缓解，经济出现衰退的概率下降时，投资者就会愿意为资产付出更高的价格。一旦情况恶化，他们就将面临巨额亏损。“这听起来有些讽刺，一个成功让经济恢复稳定的货币政策，反过来播下了与资产泡沫有关的不稳定的种子。”格林斯潘如此说道。

成功遏制通货膨胀和银行恐慌，并不会直接引发一场危机，关键在于人们的风险偏好被改变，正如“大缓和”时期，由于经济体看起来十分安全，人们对待债务的态度也发生巨大变化。

“大萧条”使人们对债务保持长久的谨慎。二战后兴起的中产阶级购买住房、汽车、家用电器，重新发现了分期付款的价值，但此时人们对待债务的恐惧并未消失。在 1956 年的一篇文章中，《财富》（*Fortune*）杂志发出警告：“未加修饰的消费信贷扩张数据，散发出信贷狂欢的味道。”格林斯潘和一位年轻的咨询师为这篇文章提供了数据：“消费者信贷的变化，将会加快一场普遍经济衰退的到来。”

到了“大缓和”时期，人们的观念开始转变。毕竟，在人们的资产负债表中，负债只占其中一部分，另外还有房产、汽车、学位等宝贵资产。到了 20 世纪八九十年代，监管者开始考虑，他们是否对大多数美国民众设置了过高的借贷限制。例如，美国许多州都制定了法律，限制银行的贷款利率。然而，当银行无法对高风险客户收取足够高的利息来补偿违约风险时，它们干脆就不对这些客户放贷。

20 世纪 80 年代初，各州开始逐渐废除相关的限制性法律。那些长期被拒贷的客户（尤其是少数族群和低收入家庭）开始获得银行的贷款。

同时，拒贷率急剧下降催生了次级贷款市场。到90年代中期，比尔·克林顿总统力主放宽住房贷款的申请门槛。他推出的“全国居者有其屋战略”（National Home Ownership Strategy）促使贷款机构和监管部门降低首付要求和交易成本。他这样说道：“要借助私有和公共部门的创新及资源，帮助民众购买自有住房。”

让普通大众更容易买得起住房的做法，在政治上很受欢迎，这既不奇怪也不算什么新鲜事。当我们回顾20世纪90年代和21世纪前10年发生的事情时发现，经济学家们才是最引人注目的人。这些经济学家深知过度负债的风险，但是有两个重要因素让他们依然保持乐观态度。

2005年，几位美联储经济学者的一项研究记录了一个惊人的现象：即使整体经济运行的波动减弱，每个家庭依然会经历巨大变故。下岗失业、生活变故及工时突然减少，都可能导致人们突然陷入收入下降甚至是失去收入的窘境，但是金融创新削弱了上述事件对整体经济的影响。它让消费者在收入大幅减少时，依然能够维持原有的消费水平。放宽利率管制意味着，当美联储信贷政策收紧时，资产担保贷款、自动授信和创新贷款等金融产品，依然能帮助人们维持原有消费水平。而在过去的年代，人们收入下降时只能勒紧裤腰带过日子。在20世纪60年代，消费者的支出与收入高度相关，但到了21世纪初，两者几乎已经失去关联。这些经济学者由此得出结论：金融创新给予消费者更多贷款便利，减少了整体经济的波动性，同时有助于维持“大缓和”时期的局面。

没有人会认为低收入家庭的财务困境已经消失。在另一篇文章中，上述3位经济学家指出，20世纪七八十年代，大部分家庭的年收入减少了一半。但有证据表明，金融创新的发展（尤其是抵押信贷市场）消除了部分收入波动的不良影响。

此外，经济学家认为美联储有能力应对金融恐慌，这是他们对债务问题保持乐观的另一个重要因素。经济学家们清楚，家庭负债越多，破产风险越大。但是他们认为，只要出借方承担的风险与对应的收益相匹配，就没什么问题。经济学家坚信，借贷（即便借贷者以破产告终）不会拖累整体经济的发展。在金融危机爆发前夕，美联储理事弗雷德里克·米什金（Frederic Mishkin）这样说道：“即便房价下跌 20%，一个应变迅速的美联储也有能力防止其对经济运行造成严重损害。”

经济学家布拉德·德隆（Brad DeLong）来自加州大学伯克利分校，1993—1995 年，他曾在克林顿政府的财政部任职。多年后，对于当时为什么要极力推动放宽利率管制，他做出了解释：“过去 6 年多，金融混乱对整体生产水平和就业水平的影响日益减小……占美国人口三分之二的低收入人群没有任何机会享受到合理的贷款利率……既然美联储有能力在金融困境与总体需求之间打造一堵防火墙，‘大萧条’时期管控风险的做法也就不再合适，新的借贷手段和风险分散方式似乎也没造成什么负面影响……我们值得一试。”

“大缓和”时期家庭负债上升绝非巧合：在经济稳定增长时期，增加负债所需承担的风险更小。你依然有可能因为某些原因失去工作，或者发生债务违约，但这不太可能是严重经济衰退所导致。

这种观点很有说服力，但保罗·沃尔克不这么认为。2005 年 2 月的一个晚上，在斯坦福大学参加完一个晚宴后，沃尔克走上了讲台。他离开美联储已经 18 年，但他从未真正远离公共服务部门。有人指控联合国“石油换食品”项目中存在腐败，沃尔克当时正忙于调查这一控告。他对在座的政治家、企业高管和学者提出了一些严肃建议：“如果你对自己某方面的背景有所怀疑……就不要使用电子邮件。这些东西无法删除。”

当笑声逐渐平息后，沃尔克开始谈及另一个他始终关注的问题——危机的挑战。他承认周围有很多乐观主义者，但他自己并不是一个乐观的人。“平静的表面下隐藏着一些令人不安的趋势——重大的失衡、不均衡或风险，随你怎么说。这些情况和我记忆中的那些问题一样危险而棘手。”他如此说道。在演讲中，沃尔克还提到美国的贸易赤字、“婴儿潮”[①]一代退休带来的财政挑战、不断高涨的房价等问题。他还着重提到，对于这些问题，人们似乎并不担心，反而对现状相当满意。他最后总结说：“进行一些重大调整将是不可避免的……按目前情况来看，危险最终将导致一场金融危机，而不是成为推动改革的力量。”

相比预测危机，沃尔克不擅长描述危机的细节。在那个晚上，沃尔克重点讲述了预算、贸易赤字和通货膨胀等问题。不过在随后爆发的金融危机中，这些问题都不重要。沃尔克还认为，美元贬值的概率为75%，但实际上，美元在那场危机中不仅没有贬值，反而还有所上涨。

尽管沃尔克在细节方面犯了错误，但他对整体趋势的判断依然准确。不止沃尔克，他的继任者也是如此。每年夏天，堪萨斯城联邦储备银行都会在怀俄明州杰克逊霍尔的山野度假胜地举行年会。来自世界各地的银行行长、财政部官员、银行家和学者，齐聚特顿山脉脚下品酒、远足，并探讨一些全球重大问题。2005年夏季的年会专门讨论了艾伦·格林斯潘留下的智慧遗产，他即将卸任美联储主席——那时他已任该职长达18年。

格林斯潘用几周时间准备了他的演讲。在演讲中，他回顾了在美联储工作中积累的经验，同时提出了一个困扰他多年的问题：投资者总是以很少的利息收益把钱借给高风险借款人，应该怎样向他们提出警告呢？多年后，格林斯潘回忆道：“我想要提醒他们，但不是爬上山顶大喊‘别这么干’。对于一个即将卸任的美联储主席来说，那样做不太合适。我不会那么做。”

①在美国，“婴儿潮”一代是指二战结束后，1946年初至1964年底出生的人，人数大约有7800万。——译者注

格林斯潘在演讲稿中婉转地提出了他的警告：“历史并没有善待旷日持久的低风险溢价所产生的后果。”这句话的意思是：**当放贷者以如此低的回报来交换风险时，最后都不会发生什么好事。**

几个月后，本·伯南克获得提名，接替格林斯潘担任美联储主席。一生中大部分时间里，伯南克都在钻研学术，后来他担任了 3 年美联储理事，并在小布什政府当了几个月的经济顾问委员会主席。许多外界人士担心，伯南克缺乏处理经济危机所必需的金融市场经验。这种观点多少有些狭隘。实际上，作为研究“大萧条”的著名学者，伯南克比任何人都更了解一个失灵的金融体系对经济体造成的危害。尽管如此，他自己也知道金融体系的具体细节并非他的专长，并很快开始弥补这一点。

“在这场危机爆发之前，我就一直心存担心。”他后来回忆道。伯南克研究了此前数十年内发生的许多小型危机，他也听说了华尔街高管们对高风险交易的狂热。伯南克怀疑这可能会引发市场混乱：“我们设想过会有一场严重的市场危机，不一定会对经济体造成严重破坏，但会带来一次经济衰退。”

在正式就任美联储主席前，伯南克询问了美联储的同事们对危机管理的看法。于是，他们编写了一本手册，其中大部分内容都是有关美联储处理以前危机的备忘录，例如 1987 年的股灾，还包括了主要监管者的手机号码。伯南克很快发现这些文件毫无用处。他把它们捆成一堆，再也没有看这些文件一眼。伯南克召开了一次美联储高级官员会议，讨论如何做好应对危机的准备。这次会议的成果是他们决定成立一个特别委员会，每季度向董事会提交金融体系所面临危机的简报。

制定这类预防措施的并非只有美联储一家。多个国家的央行和 IMF 一直在定期发布有关金融稳定情况的报告，以引起人们对潜在危机的关注。不过，这些机构面临着同一个问题：它们低估了风险程度及其在金融体系中的传播范围。美联储知道次级房贷、债务担保证券等金融工具的存在，但正如后来一项研究揭示的那样，货币政策制定者似乎并不认为这些工具很重要，他们很少在例会上提到它们。

到了2007年，人们普遍认为房价被高估，但很少有人担心这会导致一场系统性的金融危机。25年来的成功经验和改革，让人们感到十分安全——银行体系中的大部分风险已被消除，担保回购贷款等创新金融工具日益盛行，通货膨胀也被抑制了（大部分人认为，通货膨胀是金融稳定的最大威胁）。这正是2005年的那一天格林斯潘所担心的事情。虽然明知道不合适，他还是决定让自己沉浸在这种安全感之中。那天早晨，在杰克逊霍尔会议上，当格林斯潘在全场长时间的掌声中走回座位时，他注意到他演讲时表露的担忧和完全无畏的内心之间，存在强烈的反差。他当时内心想的是：“这种情况发生多少次了？”他想知道，为什么他和这间会议室里的所有人一样，有一种自鸣得意的感觉呢？

FOOLPROOF

why safety can be dangerous and how danger makes us safe

第3章

确定性引爆的定时炸弹

吃到安全的食物是一种奢望

2006年，正值恐慌情绪笼罩整个金融市场的两年前，一股与之类似的恐慌情绪已然在美国的各大超市蔓延。这年8月，内布拉斯加州的一名老年女性因食物中毒住院，在不久后不治身亡。在随后几周内，又出现一起食物中毒死亡案例和几十起致病案例。政府的调查人员很快查明了原因，是这些受害者在食用速冻菠菜时感染了大肠杆菌。9月14日，美国食品药品监督管理局（FDA）向公众发出警告：不要食用袋装菠菜。后来，警告范围扩展至新鲜菠菜和所有菠菜制品。这是当时该机构发布的影响最深的公告。“如果你不知道这些菠菜是否经过预包装处理，那就离它们远点。”FDA的一名高级食品安全官员如此警告道。

公众反应剧烈。各大超市迅速清空了货架上的所有菠菜，餐馆和熟食店停止供应菠菜，消费者也改吃生菜。一位妇女给她的孩子吃了菠菜奶油沙司，居然被控“预谋杀人”。这股恐慌情绪摧毁了加利福尼亚州数千英亩待采摘的菠菜。菜农们重新翻种其他作物，零售商把成袋的菠菜扔进垃圾箱里。袋装菠菜的销量骤减74%，直到2008年才恢复至原来的水平。

FDA及加州相关部门用了6个月时间才追踪到问题菠菜的来源：

采摘自加州中部海岸地区，第二天由一家有机食品加工厂加工处理的 1002 磅菠菜。这批菠菜产地附近有一个牧场，调查人员在牧场的猪和牛的排泄物中，发现了同样的致病菌。不过，他们无法精确查出这些大肠杆菌的原始来源。恐慌情绪仍在持续，但由于 FDA 无法确认问题菠菜的来源，到最后只好不了了之。

召回问题菠菜对于食品行业的影响，就像次贷危机对于金融市场的影响一样——一起重大事件引发了整个行业监管的改革。多年来，国会积压着许多提案。这些提案对食品供应链上的种植户和加工商提出严格要求，敦促他们对食品污染采取预防措施，并对其供应商展开审查，以帮助追踪污染来源。问题菠菜事件及其他几起食源性疾病的爆发，消除了行业内的反对声音，并促成国会在 2011 年通过《FDA 食品安全现代化法案》（*FDA Food Safety Modernization Act*）。

食品供应链和金融系统有许多相似之处。它们能够影响整个经济体的复杂系统，并在大多数时候风平浪静，人们假定它们很安全。得知某些食品中有致命病菌的消息，就好像听到你的银行或货币市场共同基金购买了“有毒”的抵押资产。这样的消息，打破了人们关于系统很安全的错觉，引起人们的恐慌。

通常来说，关于安全的假定都成立。即便在食物中毒事件爆发期间，大多数的食物也没有问题。但当大众习惯安全之后，哪怕极少数食物可能已被污染，对他们来说也难以接受。他们的解决方法很简单，就是把好的、坏的都扔掉。毫无疑问，这样做的损失极大。事实上，**食物不安全破坏性很大，但比这更严重的是，人们关于安全的认知被打破——本该安全的食物，被发现并不安全。**

从 1986 年开始，环保组织美国自然资源保护委员会（NRDC）已着手研究艾拉（Alar）的潜在致癌性。艾拉是一种喷洒在苹果上的农药，能改善果实外观，推迟落果时间。1989 年 1 月，美国环保署宣布艾拉存在健康风险，但危害性并不迫切，并且长达18个月迟迟不禁用艾拉。2月，艾拉成为《60分钟》（*60 Minutes*）节目的轰动话题。在节目中，主持人艾德·布拉德利（Ed Bradley）将艾拉称作“食物中的最强致癌剂”。节目一播出，就引发了人们的强烈反应。学校将苹果、苹果汁从菜单中删除，父母们把家里的苹果酱全部扔掉。韩国也开始抵制产自佛罗里达州的西柚，因为他们错误地认为，这些西柚也被喷洒了艾拉。一家美国连锁超市销售的苹果汁被检测出微量艾拉（并未超出政府许可标准）后，该超市对所有苹果进行了下架处理。超市的发言人表示：“我们要处理的是人们的认知，而不是事实。”在这次事件中，大约有500万～700万箱苹果（价值5000万美元）滞销。

初看起来，人们的反应似乎不太理性。艾拉在当时还是一种合法的农药。《60分钟》节目播出后，艾拉的生产商将其撤出了市场。应生产商要求，美国环保署宣布禁止将艾拉用于农作物生产。事实上，一名儿童生活中每天要喝掉4000加仑苹果汁，其体内的艾拉含量，才会让实验小白鼠患癌。由此可见，艾拉不同于大肠杆菌，即便它对健康构成威胁，这种危害也微乎其微。吃一个喷洒过艾拉的苹果并不会致病，而且只有极小部分的苹果施用过艾拉。联邦政府机构也极力劝说消费者，让他们不要拒绝食用苹果。

然而，换一种角度看，这种恐慌情绪也很合理。对于人们来说，苹果或苹果汁绝非不可替代。就像2006年的问题菠菜一样，我们很容易找到苹果的替代品。对消费者而言，拒绝苹果制品只会带来一点小小的不便，但可以彻底避免食用有农药残留的苹果。同样的道理，零售商也无须付出高昂成本，就能避免向消费者供应不安全食品而可能造成的信誉损失。专家们常说：“现在不是恐慌的时候。”但对于不愿接受亏损，也无法确定哪些是有害资产的投资者来说，感到某种程度的恐惧同样很合理。

当然，类似 2008 年金融危机这种几乎颠覆全球经济的系统性事件，不太可能出现在食品体系中。在某种意义上，系统很安全的这一假定，更适用于食品行业。但是即便对食品行业来说，安全感也有一部分是错觉。某些病原体很难被消灭，几乎不可能从食物中消失。我们吃得很多食物中都含有大肠杆菌、李斯特菌、沙门氏菌及其他致病菌。不过，人类食用的量实在太少，而且身体健壮。在绝大部分时间里，人类不会因为吃了这些含有致病菌的食品而感染疾病。我们不太明白，为什么某些食物（例如甜瓜）总是卷入一些疾病事件，而另一些食物（例如菠萝和西瓜）不会。“甜瓜和菠萝有何不同？为什么从来没听说过菠萝导致的疾病爆发案例？”联合新鲜（United Fresh，一个果蔬种植者贸易集团）的一位科学家如此问道：“有时候，西瓜和甜瓜均产自同一块土地，为什么没有人因食用西瓜得病呢？”

此外，复杂的食品生产流程也为食品污染提供了大量可乘之机。新鲜原料在全球各地的农场被生产出来，然后被运往数千英里外的餐馆、商店和食品加工厂，由它们进行加工处理后，再送到消费者手中或另一家食品加工厂。病原体可能来自其中的任何一个环节：农场的土壤和灌溉用水，采摘工人或包装工人不够干净的手，工厂里清洗、打包和运送原料的设备，终端的商店和餐馆。

整个过程太复杂，专家们很难确定哪个环节出了问题。2008 年，许多人因感染沙门氏菌而染病，美国疾病控制中心认为这些沙门氏菌可能来自他们所食用的番茄。在接下来的几个月里，类似的病患猛增至 1400 多人，其中有 200 多人住进了医院。FDA 调查员的介入，放大了这一事件的影响，有关番茄致病的警告扩散到了 40 多个州。从墨西哥进口的番茄滞留在边境无法入境。汉堡王餐厅停止供应以番茄为原料的汉堡包，番茄酱从墨西哥大玉米饼快餐店的菜单上消失。沃尔玛、克罗格和全食超市纷纷将番茄下架，并取消了所有番茄订单。一箱番茄的售价从消息宣布前的 18 ～ 19 美元骤跌至 4 美元，在某些州甚至跌到一美元。“我们正在处理农田里的番茄，市场上的番茄也全都卖不出去。”番茄种植者协会的一位负责人抱怨道。

讽刺的是，人们最后发现，番茄并不是真正的元凶。在最初的警告发出一个月后，FDA 才发现，罪魁祸首原来是墨西哥胡椒和塞拉诺辣椒。FDA 随后取消了禁食番茄的公告，但造成的损失已经无法挽回：佐治亚州三分之一的春播作物烂在地里。种植者针对 FDA 发起的诉讼显示，佛罗里达州和佐治亚州遭受的损失分别达 6 亿美元和 1 亿美元。

行业人员和监管部门尽了最大努力，试图让人们相信这个行业很安全。但在此过程中，他们采取了某些不当的方式来提高人们的期望。比如，他们建议消费者不要食用冷冻的甜饼生面团，但食用生面团之前，消费者已经感染了大肠杆菌。结果是，如今在包装和运送生面团前，要完成一个杀菌流程。这个案例显示，食品行业不仅要应对自身造成的风险，还需要预防消费者自己所带来的危险。

人们竭力追求这种确定性的原因，可以在行为经济学中找到答案。近年来，行为经济学结合传统经济学与心理学，为金融泡沫和金融恐慌现象提供了许多有价值的见解。该领域最重大的发现是，普通人评估风险的方式与理想化的“经济人”完全不同。

来看下面这个小测试。(别担心，这不是数学考试，没有绝对正确的答案。)

选项 A：给你一个装有 500 美元的信封，没有任何附加条件。

选项 B：抛一个硬币。正面朝上，你将获得 1000 美元；背面朝上，你什么也得不到。

你会如何选择？

从经济学角度看,这两个选项的价值一样。假如你扔了几百次硬币,每次正面朝上时赢 1000 美元,那么平均算来,每次扔硬币值 500 美元。这被称为该选项的期望价值。在这个例子中,一些对风险不敏感的玩家觉得,由于两个选项的期望价值相同,选哪个都没问题。但是如果你也和大多数人一样,肯定会倾向于 A 选项。即使我把 B 选项的奖金提高至 1200 美元,你很可能还是会选择 A。

这只能说明,真实的人都不是“风险中性”的 :他们非常看重确定性,愿意为了获得确定性而放弃部分经济价值。1738 年,瑞士数学家丹尼尔·伯努利(Daniel Bernoulli)是首个注意到这一现象的人,他在现实生活和实验场景中反复验证了这一结论。在进行一系列实验后,以色列心理学家阿莫斯·特沃斯基(Amos Tversky)和丹尼尔·卡尼曼(Daniel Kahneman)得出以下结论 :一场赌局的期望价值必须是确定价值的两倍,人们才会认为该赌局有足够的吸引力。换句话说,如果无法保证在掷硬币获胜后拿到 2000 美元,大多数人会更愿意得到一个装有 500 美元的信封,而不是选择掷硬币。

由此可见,人们非常看中百分之百的可能性。随着可能性的逐渐降低,事情就会发生变化。为了证明这一点,特沃斯基和卡尼曼修改了上述游戏的规则。这一次,在 A 选项中,参与者有 80% 的机会获得 4000 美元的奖金(预期回报为 3200 美元),而 B 选项是拿着 3000 美元走人。80% 的受试者选择拿走 3000 美元,即便后者的预期价值低于前者。

随后,又有两个不同的选项摆在受试者面前 :在 A 选项中,被试者获得 4000 美元的概率降至 20%(预期回报为 800 美元);而 B 选项让被试者有 25% 的机会赢得 3000 美元(预期回报为 750 美元)。这一次,65% 的被试者选择了 A。

两个研究结果似乎有些矛盾。在第一次实验中,人们为了规避风险,选择了获胜概率更高但预期回报较少的选项；在第二次实验中，人们选择了预期回报更高但获胜概率较低的选择。实际上，这两者并不矛盾。该实验告诉我们，百分之百的确定性具有一种特殊的吸引力，这就可以解释，为什么有些公司或个人明明有希望在法庭上胜诉，却选择出一大笔钱庭外和解：他们不想遭受毁灭性经济处罚或刑事定罪，尽管那只是小概率事件。

在解释人们为何讨厌不确定性时，经济学家们提出了效用递减理论。通俗地说，该理论认为每增加一美元收入带给人们的快乐就逐渐减少。从中产阶级跃升为富裕人士固然让人欢喜，但从中产阶级滑向赤贫群体更让人恐惧，大多数人宁愿放弃第一种可能，也不愿冒险尝试后者。即便不存在任何实际的受损风险，我们依然要承担一种情绪成本。这种情绪成本来自未知事物对我们行为的影响。

经济学家理查德·萨勒（Richard Thaler）曾开展一系列相关实验。他把一些咖啡杯随机分发给教室里一半的学生，然后邀请所有学生对咖啡杯估价，估价最高者可以从估价最低者手中将咖啡杯买过来。实验结果显示，学生们愿意为其已拥有的东西所开出的售价，是其愿意为自己没有的东西所支付价格的两倍。萨勒将其称为“禀赋效应”（Endowment Effect），是指当一个人拥有某项物品后，他对该物品的估值要比未拥有之前大大增加。此外，失去曾经拥有的东西，比从未得到它更让人感觉痛苦。这种心态出现的原因各不相同：或许是不愿放弃与物品间的心理联系，也可能是担心放弃曾经拥有的东西后会后悔或遭到报应。**不确定性，即不知道未来会变得更加富有还是更加贫穷，让人们备受折磨。**

除此以外，我们对损失的承受能力也在不断改变。某种可能性越逼近、越具体，我们就会越痛苦，越觉得确定性很重要。卡内基梅隆大学的经济学家乔治·勒文施泰因（George Loewenstein）指出，在压力事件真正发生以前，大多数人都不确定他们会对该事件做何反应。勒文施泰因和几位同事向一个班级里的大学生每人支付两美元，要求他们一周后在全班同学面前各自讲述一个有趣的故事。在那之前，他们可以随时改变主意。结果在约定日期到来时，三分之二同意讲故事的学生选择临阵脱逃，而那些一开始就拒绝讲故事的学生没有一个人改变主意。他们还让另一组学生观看恐怖电影《闪灵》（*The Shining*）中可怕的电梯场景，结果那组学生几乎都在一开始就拒绝讲故事。他们后来总结说，恐惧心理明显提升了他们的风险厌恶水平。其他很多个实验也证实了这一点。

这些发现表明我们有多么重视安全感，以及当安全感受到威胁时，我们为何会感到如此恐惧。扔掉没有问题的菠菜或苹果会带来损失，但这样做能让我们获得确定性，即我们不会因为食用受到污染的菠菜或苹果而生病（即便这种情况发生的概率极小）。

“信息不敏感”的资产更安全

关于安全感的许多发现，也可以解释金融行业的某些特征。例如，投资股票的收益要大于债券，因为债券的投资收益具有更高的确定性。如果股票和债券的投资回报相同，绝大多数人都会选择债券。只有当债券变成一场完全不公平的赌局，人们才会转而投资股票。这些发现也可以解释人们购买保险的原因。很显然，保险公司要实现盈利，其收取的保费要大于其所支付的理赔金额，这意味着投保客户正在参与一场不公平的赌局。投保人愿意支付保费，是因为他更看重确定性。这种确定性可以消除遭受损失的可能性。这些发现还解释了为何每隔一段时间，金融系统中就会弥漫着一股恐慌情绪，以及为什么这种恐慌会在 2008 年金融危机中，造成那样巨大的破坏。

耶鲁大学的经济学家加里·戈顿（Gary Gorton），是最了解其中奥妙的人。他或许是美国研究银行恐慌问题最权威的专家。如果说有人能预测到 2008 年金融危机的到来，那非戈顿莫属。讽刺的是，他并没有做到。直到自己的生活被这场危机搅得支离破碎时，戈顿才意识到自己正身处金融危机之中，而这正是他毕生研究的项目。

在经济学研究的道路上，戈顿走过一段弯路。他就读密歇根大学原本是为了拿到中国文学博士学位，后来中途辍学。随后，他从事工会组织者的工作，并进入法学院读书。不过他再次半途退学，并在一家汽车组装厂当了几个月的机械师学徒，在此期间，他晚上还开夜班出租。有一天，他在一家书店里迷上一本微观经济学的书，于是决定申请经济学研究生。

戈顿选择银行恐慌作为其论文主题。当时，经济学家都认同银行恐慌会使货币供应收紧，导致经济不景气，但缺乏足够的实证研究来说明银行恐慌到底如何发生。戈顿的导师曾劝他不要选择这个论文题目。“这太难了，你很难完成这篇论文。”他的导师这样说道。事实的确如此，即便在戈顿研究生毕业，担任费城联邦储备银行的经济学家后，他依然在继续这方面的研究。

戈顿从研究中得出几个重要结论：第一，金融系统的核心目标是为人们提供无风险资产。股票或债券等普通资产的价值会随盈利情况或利率水平的变化而波动，而无风险资产则十分安全，资产持有人无须了解有关这类资产的信息。用戈顿的话说，这种资产“信息不敏感”。现金或者银行存款就是典型的无风险资产。你不需要过多了解一个付你一张 20 美元支票的人。第二，金融创新会带来一些新型的无风险资产。第三，当人们认为无风险资产不再安全时，就会引发恐慌。这种恐慌曾在 19—20 世纪反复发生，甚至戈顿自己参与创造的“无风险资产”，也曾为 2008 年恐慌的爆发提供助力。

戈顿早期研究的重点是 19 世纪初的银行。与其他企业一样，银行也有资产负债表。许多企业都将资产视为核心，认为负债只会带来麻烦。例如，福特、强生和沃尔玛都发行债券，但这些公司的价值在于他们所拥有的厂房、知识产权等资产。银行则完全不同。它们的资产是发放出去的贷款，这显然很有价值，但它们的负债也很有用，因为这些负债由存款构成。对普通大众而言，储蓄是支付费用、留存结余的一种方式。一家从未发放过贷款的银行，仍然可以提供有价值的服务，因为对于银行的客户来说，存款是随存随取的无风险资产。

19 世纪早期，银行的主要负债是银行票据。当时，大部分货币都由私有银行发行。直到美联储成立后，货币发行才逐渐被联邦政府所垄断。一般来说，存款人会将黄金或其他资产存入银行，同时从银行获得银行票据，作为其向银行索回资产的证明。存款人可以用这些票据购买物品。最后，拿到该票据的人，通常与最初存款人毫无关系。他们可以到开具该票据的银行兑换相应的黄金。

戈顿尤其感兴趣的，是不同银行发行票据的估值方法，以及在银行无法承兑票据时会发生什么。理论上，一家银行发行的一美元票据与另一家银行发行的一美元票据价值相同；但实际操作中，如果银行状况不好，其发行的美元票据的价值可能会下降，从而导致银行在将该票据兑换成黄金或白银时遇到麻烦。如果存款人怀疑银行没有能力兑换该票据，票据就会发生贬值。更重要的是，存款人会集中涌向银行要求兑付。很少有银行留存了足够兑付所有票据的黄金和白银。面对大量的赎回请求，银行可能会“延缓”兑付票据，或者干脆停止兑付。在极端情况下，银行甚至会发生违约，关门大吉。如果存款人认为其他银行也存在同样的困境，就会引发挤兑，从而造成全面的恐慌。

戈顿追踪到一批 19 世纪的新闻报道，上面列出了各银行给出的票据面值折扣。他发现，宣布延缓兑付的银行中，只有少数发生违约，这与大众的看法正好相反。那些重新开业的银行，通常都能顺利兑付存款人手中的票据。1873 年的银行恐慌致使存款人遭受了巨额损失，当时一美元票据的实际价值只有两美分。戈顿由此得出结论，恐慌是由信息缺失所引起的：人们不知道哪些无风险资产如今存在风险，从而会导致大规模挤兑现象的出现。而过不了多久，许多无风险资产就被证明依然安全。

戈顿还发现，随着时间的流逝，无风险资产会发生改变。如果公众对无风险资产的需求大于供给，聪明的金融创新者就会想办法创造其他的无风险资产。**实际上，整个金融发展史就是一个不断尝试让风险资产变得更加安全的过程。**

首批银行票据并不是百分之百安全，因为发行这批票据的银行可能无法将其兑换成黄金。因此，人们在接受一张银行票据前，不得不再三考虑。此外，银行票据的价值还在随时波动。1863—1864 年推出的《国家银行法》（*National Bank Acts*）使情况发生了改变，该法案催生了一种新型的全国性（与州立银行相对）特许银行。这类银行除非有联邦政府债券（而不是黄金白银、地方政府债券）提供支持，否则不能发行全国性银行票据。由于基础担保品都一样，这类全国性银行票据均按照票面价值进行交易，从而使这些票据在真正意义上成了信息不敏感资产。

最终，公众对货币的需求，超过了银行以联邦政府债券作为支撑来发行票据的能力。这一局面又带来另一项创新：支票账户。银行不再向客户发行票据，而是让存款人保留现金存款，然后以这个存款账户签发支票。除非银行破产或让人感觉即将破产，存款似乎还相当安全。存款人不用再将银行票据兑换成黄金，而是可以把支票存款转换成银行票据。

1913 年，美联储成立；1933 年，存款保险诞生。他们通过向银行提供普遍的联邦信用支持，解决了存款挤兑的问题。存款人不再需要对不同银行的存款进行鉴别，就能获得同样的安全保障。这样一来，资产的安全问题似乎就解决了。

然而，到了 20 世纪末，无风险资产短缺的问题再次浮出水面。引发这一问题的原因，从表面上看起来似乎还是一件好事：每个人，尤其是各国央行等外国投资者都想把钱借给美国政府。

外国投资者持有的美国国债和票据占比，从 1994 年的 20% 猛升至 2007 年的 50%。同一时期内，他们持有的由房利美、房地美发行或担保的债券（理论上是私有，但被视为政府债券）从 6% 上升至 21%。与 19 世纪一样，这种对无风险资产无止境的需求，促使华尔街那些智商超群的家伙发明出各种替代产品。

某些无风险资产属于公共资产（如国债），另一些属于私有资产（如银行存款）。在梳理历史时戈顿和两位合作者发现，在 1952—2010 年，无风险资产占总资产的比例几乎没有变化，一直保持在 33% 左右。真正引人注目的是私有资产内部的变化：银行存款的占比从 20 世纪五六十年代的 80% 左右，减少至金融危机爆发前的 27%；货币市场共同基金、资产担保证券和商业票据取代了银行存款。这种比例的变化具有决定意义。在存款保险赔付额度之内的银行存款绝对安全，而新型资产看上去和银行存款一样安全，但实际情况并非如此。两者的区别在金融危机爆发时表现得非常明显。但在危机到来前，戈顿将不会发现两者间的联系。

1984 年，戈顿开始在沃顿商学院执教，他在那里对银行贷款的“证券化”进行了研究。资产证券化是将一堆贷款打包成一种证券，然后将这种证券出售给投资者，从而使银行能够放出更多贷款。通过这种方法，可以将风险资产转化成安全资产。路易斯·拉涅利（Lewis Ranieri）认为，抵押担保债券的神奇之处在于，“购买者无须了解标的抵押资产的太多信息。你拿到一个不太好的标的，比如住房贷款，只要把它好好包装一番即可”。

20 世纪 90 年代，戈顿找到一个利用自己的专业知识赚钱的方法。美国国际集团（American International Group）是一家 1919 年在上海创立的保险公司，后来成长为全球最大、最受人尊敬的金融集团之一。其最不为人所知、也是最核心的子公司，或许就是总部设在康涅狄格州的 AIG 金融产品公司，主要负责金融衍生品开发。邀请学者到公司参观调研，是 AIG 金融产品公司一贯的传统。在沃顿商学院一位教授的引荐下，戈顿也受邀去这家公司进行调研。不过，戈顿最终选择到 AIG 工作，去研究一款新奇的金融创新产品。

在戈顿入职 AIG 前，摩根大通刚刚开出第一款信用违约掉期（CDS）产品。CDS 实际上是一份保险合约，合约规定在买方（比如银行）支付保费后，如果某个债券的发行人违约，保险公司将对买方进行全额赔付。戈顿意识到，他可以改进这款产品——通过开发模型来预测贷款或 MBS 发生违约的概率，AIG 能够更精准地设置保费金额。

欧洲的各大银行是从戈顿设计的模型中受益的第一批大客户。与其他银行一样，欧洲的银行也要预留部分资金防范贷款违约。然而，如果他们针对借款人的违约行为向 AIG 投保，就能减少需要留存的资金量。

后来，AIG 又开始出售针对 MBS 的保险。MBS 往往被分割成“小额证券”（Tranche）[1]。借款人偿还抵押贷款的资金，首先被用于偿付级别最高的 MBS 的本金。如果有抵押贷款发生违约，承担损失将是级别最低的 MBS 持有人。这意味着，除非出现大规模违约，否则高级别的 MBS 持有人不会遭受任何损失。有些 MBS 看起来非常安全，完全

① Tranche 实际上是一个法语单词，意为“切片”或“部分”。在投资界，用来描述可以被分割成小额并卖给投资者的证券。——译者注

有资格获得最高的安全评级（AAA 或 AA）。这些 MBS 往往会被组合成一个新的债券，即债务抵押债券（CDO）。这个债券又会被切分成许多份。AIG 明确提出，只为评级最高的 MBS 和 CDO 承保。

2006 年，AIG 金融产品公司开始担心自身的承保质量，于是停止对次级 MBS 和 CDO 承保。由于与次级抵押贷款关联的指数下跌，金融系统开始显现裂缝。2007 年，裂缝继续扩大，并开始在市场中有所反应。戈顿意识到，金融系统正在经历一场恐慌。这场恐慌与他此前研究的许多银行恐慌都很相似，只有一处不同：普通存款人没有前往银行挤兑银行票据和存款，反而是许多机构投资者纷纷赎回回购贷款和商业票据，因为这些资产的担保物是次级抵押贷款。

2008 年 8 月，在参加美联储杰克逊霍尔年会时，戈顿把这些思考记录在他提交的一份长篇论文中。这篇论文指出："这场危机实质上是一场银行恐慌，与 19 世纪和 20 世纪早期美国出现的若干银行恐慌类似。"这些恐慌都是由"信息缺失"所导致：出借人不确定哪些证券会发生违约，也不知道持有这些证券的是谁，他们只能盲目地从持有这些证券的机构赎回资产。戈顿回忆说，看着参加年会的这些中央银行家和学者们，他内心想的是："他们研究了 20 年货币政策，却对我正在谈论的问题一无所知。"

2013 年 10 月，一个阳光明媚的温暖早晨，我在戈顿的办公室里见到了他。那时，他的办公室位于一栋酷似小型帕特农神庙的建筑里。这栋建筑大厅的墙上排列着一堆镶着边框的违约债券证书，其中一张债券是为了给巴拿马运河融资。戈顿的办公室里，还保留着苏格兰皇家银行 1986 年发行的最后一批一英镑纸币的影印件。就像曾经的美国银行一样，那时候的苏格兰皇家银行还可以发行自己的货币。

在他的办公桌后面有一块白纸板，上面全是深奥难懂的数学公式和工作成果。据他所说，这些内容来自一篇他当时正在撰写的有关资产证券化的论文。那天戈顿穿着一件开领衬衫，配以灯芯绒的长裤，戴着一副时髦的黑框眼镜，十足一副常春藤盟校学者的打扮。

午餐间隙，我对戈顿说："AIG 出售 MBS 的信用违约掉期，与银行过去创造无风险资产的做法如出一辙。"AIG 的掉期产品缓解了投资者的担忧。在购买 AIG 的保险后（就像银行存款受到联邦存款保险的保护一样），投资者坚信自己可以拿回所有钱。

一开始，戈顿并不认同我的说法，但后来还是表示同意。他表示："通过向银行的投资组合出售保险，在监管部门或投资者的眼中，AIG 等金融机构让这些银行产品更安全，相当于它们参与了无风险资产的创造。"如果戈顿早点意识到这种联系，他或许也会发现，AIG 有多么不堪一击。按照戈顿的计算，AIG 发行的 MBS 违约风险很小，但它们的价值还是在直线下降。

与食品安全问题导致的恐慌一样，金融体系中确实存在一些有害之物，但更多时候，只是因为人们担心某些东西有害。在 AIG 破产之路上，这两方面的因素都起了作用。戈顿依然在为他的模型辩护，但结果证明，由于标的资产违约，AIG 承保的 CDO 的风险比模型计算的要大得多。此外，低质量的 MBS 之间高度相关：一旦某个 MBS 出了问题，其他 MBS 也会跟着出问题。但正如戈顿预测的那样，AIG 承保的 AAA 级 MBS 很安全。朴善英（Sun Young Park）是戈顿带出来的博士研究生，他后来对 2004—2007 年发行的、价值 1.9 万亿美元次级债的说明书和管理人报告进行了梳理。截至 2014 年末，AAA 级的 MBS 已确认的本金损失仅为其面值的 0.2%。但在恐慌期间，人们认为它们的风险很高，导致其价格出现巨幅下跌。

根据 AIG 信用衍生品合同的规定，当其承保的产品价格下跌时，AIG 必须提供抵押品，也就是说，AIG 要留出足够的现金证明其具有偿还能力。2005 年，信用评级还是 AAA 的 AIG 被多次降级，这迫使它必须拿出更多的抵押品。戈顿参加完杰克逊霍尔年会后不久，最后一次拜访AIG。他坐在交易柜台旁边，听着AIG的交易员们对着电话那头大喊，现在这些债券到底值多少钱，公司准备拿出多少抵押品。“没有人想买这些债券，也没有人知道这些债券现在值多少。”

随着MBS价格持续下跌，AIG不得不拿出更多的钱来满足追加抵押的要求。如果不是后来美联储和财政部接管公司，帮其偿还掉1820亿美元的债务，AIG也会和雷曼兄弟一样宣告破产。2009年，当公众得知AIG的大客户——高盛等大银行收到联邦政府支付的款项，以及政府代为保管的AIG抵押品后，他们的愤怒情绪加倍上涨。这些AIG承保的次级债券客户总共收到620亿美元的款项——那时这些债券的市场价值不过290亿美元。

当时还有传言说，纳税人的钱被用来支付AIG员工的奖金，公众愤怒的情绪达到顶点。一位国会参议员甚至放言让AIG的员工去自杀。伯南克对AIG大发雷霆，在开展紧急救助行动的期间，他说自己“摔了无数次电话”。

对戈顿而言，这是一段地狱般的日子。在《华尔街日报》（*The Wall Street Journal*）报道是他为AIG设计模型之后，戈顿收到多封死亡威胁邮件。戈顿甚至考虑过要举家搬到纽黑文市去生活。当得知一位邻居向他的孩子们打听AIG的事情后，他对着邻居怒喊：“让我来告诉你AIG的事情，不要再打扰我的孩子。”2008年，戈顿离开AIG，此后专心从事教学、科研和危机研究的工作。

AIG显然认为自己是这场恐慌的受害者，但这并不是一种非理性的恐慌。人们习惯了在股票共同基金等高风险资产上遭受损失。银行存款、货币市场基金以及回购贷款等无风险资产不同于前者，它们代表的是确定性。一旦这种确定性受到威胁，就会引发剧烈反应。

这种反应的表现之一，就是减价出售，即投资者愿意以大大低于其内在价值的价格抛售债券。

在金融危机爆发前的那些年，许多投资者购买了AA或AAA评级的MBS，这些债券的交易价格总体上围绕其面值上下波动。然而，随着次级抵押贷款违约率不断攀升，MBS的价格一路下跌。一个指数显示，在恐慌情绪达到顶点时，AAA评级的MBS的价格只有其面值的20%～60%。这对银行的健康状况造成致命影响。

整个2008年，在美国各大银行账面资产上，MBS的市场价值缩水700亿美元。人们担心巨额亏损可能会导致某些银行破产，而这种担忧只会加重人们的恐慌情绪。这种恐慌显然不够理性。朴善英的研究显示，2009年，AAA评级的MBS回升至面值的80%左右，并最终以接近面值的价格偿付了投资者的借款。到2010年初，银行持有的有价证券价值不仅弥补了2008年末所报告的亏损，还增加了一些盈利。

这足以表明，在危机最严重的时候，那些债券的定价很不合理。然而，在财政部和美联储救市前，所有人都认为这些债券将一文不值，许多银行会宣告破产。2007年颁布的一条规定，强化了人们的这一看法。这一规定要求，此类资产执行“逐日盯市”制度，银行要以当日的市场价格（而不是它们所预期的最终收回价），对这类资产计价并计入银行账目。“逐日盯市”是一种相对完善的监管机制，使银行无法瞒报或延报有关坏账的信息。但是这种制度给人一种错觉——恐慌情绪驱动下的价格，就是这些资产的实际价值。这种错觉放大了减价出售的影响，即便某家银行确信市场的价格没有真实反映资产价值，但出于理性考虑，它也会贱价处理掉这些资产，以免承担破产的风险。

主要储备基金该破产吗？

你可能没听过布鲁斯·本特（Bruce Bent）这个名字，但肯定用过他发明的产品。20 世纪 70 年代，在华尔街打拼的本特发现，在货币市场中，普通存款人的利息收益始终低于那些将巨额资金借给企业和其他借款人的投资大户。为了让所有投资者都能享受到同样丰厚的利息回报，本特与一位合伙人共同创建了主要储备基金（Reserve Primary Fund）——世界上第一支货币市场共同基金。截至 2008 年，这类基金规模约为 3.8 万亿美元，吸引了超过 5200 万美国投资者。然而，主要储备基金后来的命运，深刻地展示了人们的安全感瓦解后会发生什么。

2008 年 9 月 14 日，为庆祝相识 50 周年纪念日，布鲁斯·本特与妻子乘飞机从纽约飞往意大利度假。第二天清晨，当本特抵达罗马时，各大报纸头条全是有关雷曼兄弟破产的报道。这则新闻引发的一系列事件，让本特付出了惨重代价：他投入毕生心血创办的公司毁于一旦，他和他的儿子被告上法庭。雷曼兄弟的破产及其引发的后果，揭示了金融危机的破坏力为何会如此巨大：人们突然发现，本以为十分安全的金融资产，其实并不安全，比如主要储备基金的份额。

那天早上，主要储备基金仍持有雷曼兄弟发行的 7.85 亿美元短期借款，约占其总资产（624 亿美元）的 1.2%。与价格每天都会波动的基金不同，这支货币基金的单位价格（或称基金单位净值）始终维持在一美元，并根据每日收益率对投资者进行偿付。

主要储备基金之所以能根据每日收益率进行偿付，有两个原因：该基金没有在任何债券上蒙受巨额亏损；它投资的债券具有足够的流动性，可随时卖出以满足巨额的赎回要求。然而，雷曼兄弟的破产使其持有的部分债券价值出现巨大不确定。就在雷曼兄弟宣布破产的那天早晨，由于无法评估这些债券的价值，主要储备基金收到大量来自其客户的赎回请求。那天，该基金的财务总监帕特里克·法雷尔（Patrick Farrell）由于航班延误，被困在芝加哥奥尔黑国际机场。法雷尔通过电话从同事那里了解到，当时基金客户的赎回要求已高达 180 亿美元，而该基金只能偿付其中 38 亿美元。

法雷尔当时对他说："老天啊！这些客户今天根本拿不到钱。"

这位同事回应说："帕特[1]，这将是一个死亡之吻。"

本特从意大利的酒店给儿子小布鲁斯打电话，商量下一步的对策。自货币基金诞生以来，基金跌破面值的情况仅发生过一次，而且那只基金的规模和名气都远小于主要储备基金。有不少货币基金曾经几乎"跌破面值"，但这些基金的发起人都通过注入自有资金，帮助基金弥补亏损，将面值稳定在一美元。本特和他的儿子也在研究，他们是否可以采取同样的做法，公司甚至已经拟好了一份公告。然而，到星期二收盘时，雷曼兄弟的债券价格跌至零。本特父子认为，这时让发起人注入资金已经不可能。他们宣布，主要储备基金的单位净值下跌至 97 美分。

整个周末，美联储和财政部都在推演雷曼兄弟破产所带来的间接影响，并积极准备应对，但它们没有料到货币市场基金会跌破面值。这一事件所引发的恐慌效应，不亚于雷曼兄弟的破产。

仅在一周内，除了单纯投资美国国债的货币基金外，几乎所有其他货币基金被投资者赎回的资金总额高达 3490 亿美元，而不管这些基金有没有受到雷曼兄弟破产的牵连。在美国 100 个最大的主要货币市场基金中，约有 36 只最终得到了联邦政府的援助。与此同时，这些基金本身也停止购买商业票据，从通用电气到高深莫测的投资基金都曾依赖这种短期票据为设备库存或次级抵押担保债券融资。

3 天后，美国财政部推出一项保险计划，准备为货币基金提供担保。

①法雷尔的昵称。——译者注

同时，美联储宣布将购买货币基金卖不出去的商业票据。至此，这场恐慌才算告一段落，不过一个月内，商业票据的总规模骤降至 1.43 万亿美元，缩水 15%。想象一下，美国的各大银行要从它们最优质客户那里追回六分之一的贷款——这正是投资者要求赎回的金额。

布鲁斯·本特一直都很清楚，商业票据风险很高。在基金成立后的大部分时间里，他的投资都很谨慎，主要投资于银行定期存单和政府债券。但是从 2006 年起，主要储备基金开始投资商业票据，投资规模很快就达到基金总资产的一半，其带来的高回报又为基金吸引了更多投资者。到 2008 年初，主要储备基金不仅借钱给雷曼兄弟，还成了贝尔斯登和美林证券的债权人。那时，基金的运营模式已经偏离了成立之初的理念。

在庭审过程中，本特用“难以置信”来评价雷曼兄弟的破产。就在雷曼兄弟破产前一天，其商业票据依然享有穆迪和标普的最高信用评级；美国证券交易委员会曾派驻工作人员对雷曼兄弟进行了实地审查；证监会主席也公开宣布雷曼兄弟拥有充足的资本。尽管如此，许多投资者依然对此表示怀疑，并对雷曼兄弟发行的票据敬而远之。按理来说，本特也应该这么做。

雷曼兄弟破产让人大感意外，是因为人们认为美联储会出手救助雷曼兄弟。的确，在此前 40 年里，没有一家规模或重要性接近雷曼兄弟的金融公司破产。正如第 2 章中所述，当一家大银行发生崩盘，并对经济体造成威胁时，沃尔克竭尽所能地对其施以援手。他借钱给墨西哥，还主导了对伊利诺伊大陆国民银行的救助。在此后的几年里，监管部门出手，为美国排名第 14、33 和 36 位的银行未购买存款保险的存款人提供了保护。

基于银行在整个金融系统中的核心地位，政府已经通过存款保险和美联储的“最后贷款人”制度为其提供担保。沃尔克认为，银行有理由得到不同于其他金融机构的特殊对待。但在 2008 年 3 月，监管部门甚至越过了之前的界限。由于债权人拒绝对短期回购贷款进行展期，全球排名第五的独立投行贝尔斯登（雷曼兄弟排名第四）几天内就将面临崩盘。主要储备基金正是贝尔斯登的债权人之一。然而，3 月 13 日在电视上看到贝尔斯登的首席执行官吉米·凯恩毫无说服力地安慰投资者时，该基金的经理决定收回借款。几天后，美联储出人意料地决定，在贝尔斯登整体打包出售给摩根大通前，将一直会借钱给它，以维持它的运转。贝尔斯登的投资者没有损失一分钱。

此后，美联储又做出了一个史无前例的决定：向其余的 4 家投行（高盛、摩根士丹利、美林证券和雷曼兄弟）开放贴现窗口。这是此前仅有普通银行享有的特权。考虑到监管部门近期的表现，华尔街的大部分人，包括雷曼兄弟自己的高管和主要储备基金的经理在内，都认为雷曼兄弟不会破产也就不难理解。后来在一次国会质询中，主要储备基金的投资组合经理迈克尔·卢西亚诺（Michael Luciano）提到，他曾经以为，如果政府不想贝尔斯登破产，那么比它规模更大、更为重要的投行就更不会破产。

对于美联储和财政部而言，让雷曼兄弟破产是其在金融危机中做出的最受折磨的决定。金融危机爆发后，美联储官员坚称当时别无选择，法律没有赋予美联储借钱给雷曼兄弟的权力，因为美联储没有足够的抵押品来为雷曼兄弟的贷款进行担保。后来有证据显示，部分美联储官员认为雷曼兄弟有足够偿付能力。还有一些官员认为，让雷曼兄弟破产有益，因这可以消除金融体系在救助贝尔斯登时所产生的道德风险，以便回应来自各方的指责。财政部整个夏天都在向公众澄清：雷曼兄弟再也不会获得类似贝尔斯登的救助。在美联储内部，争论也越来越激烈。时任纽约联邦储备银行总裁的蒂姆·盖特纳（Tim Geithner）坚持认为，美联储应该救助雷曼兄弟，另一些人则认为让其破产更好。一位内部职员表示，美联储绝不能像救助贝尔斯登那样去帮助雷曼兄弟的接管者，因为这样做的“道德风险和声誉成本太高”。伯南克和时任财政部长的汉克·保尔森（Hank Paulson）也持有同样的观点——让雷曼兄弟破产或许会很糟，但可以修复道德风险问题。

让“大而不倒”的观念深入人心绝对不被允许，因为实际上是在让纳税人补贴大公司及其管理人员，同时将小公司置于不利境地。而且一旦出现这种情况，资金的突然撤离就会加倍引发恐慌。雷曼兄弟的破产粉碎了主要金融机构很安全的错觉——如果雷曼兄弟“大而不倒”，那么高盛、摩根士丹利、花旗银行或其他金融机构也不会倒。

而主要储备基金跌破净值之所以会震动整个市场，是因为人们深信货币市场基金基本等同于银行存款。这可说是货币基金投资者的普遍看法。对他们来说，基金安全、随存随取的特性，比它的收益率更具吸引力。一位主要储备基金的投资者解释说：“我们需要存入的每一美元可以随时赎回，这让我们感觉很安全。”

当然，这些投资并非银行存款。从法律角度来说，这些货币基金没有义务将基金面值维持在一美元。但在实际操作中，基金跌破净值所带来的声誉损失巨大。基金的发起人（即运营基金的管理公司）几乎都会拿出自己的钱来阻止这样的事情发生。后来有记录显示，在1972 年到 2008 年金融危机发生的这段时间内，基金发起人出手防止基金跌破净值的案例共出现了 146 次。正如我在上文提到的那样，货币基金跌破净值并被迫清盘的事件仅发生过一次。在这些案例中，基金发起人选择了对他们自己和投资人有利的做法。但从长远来看，这些干预措施加重了最终危机的恶化程度，因为它们强化了投资者认为投资货币基金不会亏钱的错觉。

接下来 5 年里，其他金融机构也将遭受与货币市场基金相同的命运。我们将在第 5 章中看到，欧元危机期间，欧洲政府债券的表现同样把人们对安全感的错觉撕得粉碎。2011 年，由于美国国会拒绝提高政府债务上限，同样的事情差点发生在美国国债上。觉醒的过程揭示了金融系统及其如何导致危机的一些重要事实：金融系统所做的大部分工作，是在努力营造安全感，而这种安全感有时是一种错觉。在多数时候，金融系统可以确保安全，毕竟，没有人会因为在有存款保险的银行存款而亏钱。然而，在极少的情况下，金融系统也会失效，进而引发人们的严重恐慌。

在一生中大部分时间里，布鲁斯·本特都在向存款人推销一款产品，这款产品从各方面看来都十分安全。自 2008 年 9 月 14 日起，他花费毕生精力打造的事业开始走向终结。在接下来的几个月里，他创建的主要储备基金被迫清盘。证券监管机构指控本特和他儿子的行为涉嫌欺诈，两人告诉投资者不会让基金跌破净值。但监管部门表示本特父子并未打算这么做，因为他们不具备这种能力。对此，本特回应说，当他们宣布要维持基金面值时，全球经济断崖式下跌，导致他们当初的计划落空。2012 年，陪审团宣布，针对本特父子的欺诈指控不成立，不过本特的儿子依然被指犯有过失罪。当所有账目清算完毕后，雷曼兄弟成了主要储备基金的唯一亏损点。投资者仅遭受了 1% 的亏损，却拿回了 99% 的资金。

FOOLPROOF

why safety can be dangerous and how danger makes us safe

第4章

致命的“风险恒温器”

运动员成了斗殴者

即便按照美国国家橄榄球联盟（NFL）的身体冲撞标准，2010年10月17日的比赛也称得上“暴力肆虐”。在当天进行的3场比赛中，5名球员受到其他球员用头盔猛烈撞击，因脑震荡或其他伤病被带离球场。在克利夫兰布朗队对阵匹兹堡钢人队的第二节比赛中，布朗队外接手乔希·克里布斯（Josh Cribbs）拿球准备迂回至右侧，在跑至球场中央时，遭到几名钢人队后卫的堵截，其中一名钢人队后卫詹姆斯·哈里森（James Harrison）从左侧冲出，用戴着头盔的头部猛地撞上了克里布斯的头盔，后者应声倒地。而在哈里森起身并洋洋得意地挥舞拳头时，克里布斯仍未爬起。不仅如此，他的身体还在不停颤抖。几分钟后，哈里森又对布朗队的穆罕穆德·马萨奎（Mohamed Massaqquoi）做出同样的举动：马萨奎拿球，哈里森从斜侧杀出，又是一次头对头的冲撞，这一次，头盔的撞击声甚至比在场观众的吼声都响亮。被撞的马萨奎先是双膝跪地，继而翻倒在草地上。与此同时，远在300英里外的费城，主场作战的老鹰队明星球员、外接手德肖恩·杰克逊（DeSean Jackson）刚刚接到队友传球，就被亚特兰大猎鹰队的顿塔·罗宾逊（Dunt Robinson）一头撞上。两人同时倒地，然后一起被搀扶着离开赛场。事后两人又都被诊断为脑震荡，不得不停赛几周养伤。也是同一天，在波士顿郊外的吉列体育场，新英格兰爱国者队的布兰登·梅里韦瑟（Brandon Meriweather）趁巴尔的摩乌鸦队的陶德·希普（Todd Heap）接队友传球之机，给了他的头部重重一击。

多位明星球员在同一天受伤退赛的事件，引发人们的激烈辩论——橄榄球联赛究竟是否允许出现这种充满攻击性的阻截动作？当时，NFL 正忙于应对脑震荡事件所引发的争议。NFL 隐瞒了反复脑震荡可能会导致老年痴呆的证据，后遭到 4500 多名退役球员及其家属的起诉。最终，NFL 支付 7.65 亿美元，才得以了结这起诉讼。

就在同一周，NFL 公布消息称，对 3 名撞击对手的违规球员分别处以 5 万～ 7.5 万美元不等的罚款，并警告球员，若再发生类似犯规行为，将遭到停赛处罚。

NFL 的这一做法引起球员们的不满。毕竟，这些违规者只是像人们期望的那样，在球场上奋力拼搏。此前，联盟一直默许这种犯规，甚至可以说乐于看到这样的场面。几十年来，“周一橄榄球之夜”的直播，都是以两个头盔相互碰撞后发生爆炸的画面开场。

“他们给我头盔，那我就要让它有用武之地。”迈阿密海豚队的后卫钱宁·克劳德（Channing Crowder）这样说道。在接受一家地方广播电台采访时，哈里森表示：“我不希望看到任何人受伤，但球场上什么事都可能会发生。”哈里森威胁要退出比赛，以回应联盟的处罚。令人意外的是，作为受害者之一，克里布斯居然也采取息事宁人的态度。

几天后，芝加哥熊队的前教练迈克·迪特卡（Mike Ditka）提出针对比赛规则的修改意见。“要是不戴头盔，大家肯定不会用自己的头去撞别人。他们会学着用护肩去撞击对手。”他对 ESPN 电视台的记者说道。

为保护球员而设计的头盔，却起到反作用，这听上去有违常理，但实际上，这种现象不仅出现在体育领域，也在汽车、金融等领域频频出现。雨天开车，山坡滑雪，企业投资……几乎所有人类活动都要承担种种风险。人类追求安全的种种努力，成功降低了风险，但也因此激发人们从事各种活动的欲望。在这个过程中，人们通过创新以减小风险的益处被抵消。

这对未来的安全专家提出一个重大挑战：要想让安全头盔、ABS等安全产品发挥作用，就必须考虑它们如何改变人类行为。如果这些产品不能改变人们追逐风险的潜在冲动，就很难发挥其应有的作用。

橄榄球运动内在的暴力属性既是它的魅力所在，也是引发争议的源头。第一场橄榄球比赛在1869年进行，当时球员还没有统一的球衣，更不用说比赛头盔，但它依然充满暴力。1905年，很多球员在这一赛季的比赛中重伤，西奥多·罗斯福总统遂要求大学橄榄球项目的负责人进行改革。第一代橄榄球头部护具是一顶配有耳罩的皮帽，皮帽中的填充物可以保护头发或耳朵不被扯掉。这种皮帽戴起来很不舒服，而且经常散发一股臭味（皮革会吸收潮湿空气和汗液中的水分）。1939年，芝加哥的约翰·T. 里德尔（John T. Riddell）公司推出第一款塑料外壳头盔，这种头盔的强度和耐用性都优于皮帽。第二年，这种头盔上又被加装一个面罩。

头盔减少了牙齿撞崩、鼻子受伤以及颌骨骨折等伤害发生的概率，但是在教练眼中，橄榄球头盔更像是一件武器。他们让球员低下头，顶着头盔，像矛一样扎向对手。1962年，根据《体育画报》（*Sports Illustrated*）的报道，俄亥俄州立大学的传奇教练伍迪·海耶斯（Woody Hayes）在面对一群记者提问时说：“我们教小伙子们撞向对手，要他们用头盔瞄准对手的下巴。”

头盔能够让球员避免某些严重的伤害，但又给他们造成更多其他伤病。当球员受到迎面撞击时，颈部会向后弯曲，缓冲掉一些撞击力，但当他低下头撞向对手时，颈部和脊柱就会连成一线，这时脊柱就要承受全部的撞击力。有人研究过 1959—1963 年和 1971—1975 年发生的橄榄球比赛受伤事件，该研究显示参与橄榄球运动的年轻人数量大约增加了 60%，达到 127.5 万人；因比赛受伤致死的人数为 77 人，减少了 10%，但四肢永久性瘫痪的球员增加了 3 倍（99 人），颈椎骨折脱位（即折断脖子）的病患增加了 4 倍（259 人）。该项研究的负责人谴责说：“保护性头盔有效保护了头部，但正因为如此，它在阻截和抢断战术中被作为一件撞击武器来使用，将运动员的颈椎暴露在巨大风险中。”1976 年，全美大学体育协会禁止了在比赛中用头盔撞人的行为。比赛规则修改后，脊柱受伤的事件明显减少。

然而，正如 NFL 就脑震荡问题展开的争论所显示的那样，在橄榄球运动中，球员们付出了高昂代价。头盔确实能预防颅骨骨折和脑硬膜下水肿（大脑与颅骨间的出血，常常导致死亡），但它无法防止脑震荡。按理来说，在头部受到撞击时，头盔内的填充物会发生挤压，从而使头部减速而不是突然停止运动。这本可以减少脑震荡发生的风险，但如果球员戴着头盔去频繁撞击对手，自然另当别论。球员受到撞击后，头部突然停止运动，颅骨内的大脑会继续保持运动并撞击颅骨内壁，从而引起脑震荡。

“与过去相比，现在的头盔极大消解了撞击力，”波士顿大学神经外科医生、严重脑损伤专家罗伯特·坎图（Robert Cantu）这样对我说，“运动员用头部撞击时不会感到疼痛，这在 20 年前不可能。”对于身型瘦弱的球员来说，这一点尤其有利。在面对强壮的对手时，瘦弱的球员倾向于用头撞，而不是用双臂抱住对方。

NFL 的工作人员十分清楚这一点，这也是他们禁止用头部撞人的原因。然而，实际情况的发展和他们预想的不一样。“裁判并未严格执行这一规定，用头部进行阻截和抢断的行为依然时有发生。几千次越位判罚后，才会处罚一次‘头盔撞人’。裁判们一直都这样处理，到目前为止，他们未因此承担任何责任。”坎图补充道。

其他运动中也存在相似情况。冰球运动员经常用护板或球棍撞击对方，各种颅脑损伤在冰球运动中十分常见，球员因为被球杆、冰球或拳头击中眼睛而导致运动生涯中止的案例也不在少数。现在的冰球时速可达 100 英里，守门员也开始佩戴面罩。1968 年，明尼苏达北极星队中锋比尔·马斯特顿（Bill Masterton）被两名奥克兰海豹队球员迎面撞倒，头部未佩戴任何护具就砸到了冰面上。马斯特顿当场失去意识，接受原地治疗后被紧急送往医院，30 小时后不幸去世。

1979 年，美国国家冰球联盟规定，球员必须佩戴头盔。此后，头部骨折的事件明显减少，但脊柱损伤案例却增加了。几位专家得出的结论是，佩戴头盔和全脸面罩鼓励球员更加积极地拼抢，使得比赛风格更具进攻性，从而增加了脊柱损伤的发生概率。1993 年，有两位作者如此写道：“运动员变成了无敌勇士，他们穿上防护盔甲在冰球场上战斗，暴力和侵犯成了这项运动的一部分。这种情况引起了人们的深切担忧。”

任何速度都不安全

佩戴头盔所造成的复杂后果让职业体育运动深受困扰，事实上，这种现象也是“工程派”和“生态派”长期争论的一部分。在“进步时代”，联邦政府已开始主张对经济和环境进行监管。20 世纪 60 年代，监管范围明显扩大，最为突出的就是对公路的管理。拉夫尔·内德（Ralph Nader）曾在美国劳工部为丹尼尔·帕特里克·莫伊尼汉（Daniel Patrick Moynihan）[①]效力，他在 1965 年出版的著作《任何速度都不安全》（*Unsafe at Any Speed*），对监管政策的出台起到了催化作用。在书中，

①美国社会学家、政治家，美国民主党成员。——译者注

他揭露了汽车生产商如何在事先知情的情况下，依然将一些会造成危险的配件增加到他们生产的汽车上。例如，汽车仪表盘上的铬合金装饰会将光线反射到驾驶者的眼睛里，引擎盖上不必要的装饰物会给行人带来危险等。

内德将批判的目光投向了雪佛兰科尔维特（Corvette）[①]。他认为该款车型的设计存在安全隐患，汽车很容易过度转向。如果不是通用公司主动雇佣私家侦探来调查内德的背景，以挑战他的公信力，或许他依然是一位默默无闻的激进人士。然而在那之后，内德和他的书引起公众的广泛关注，最后通用汽车的总裁公开向他道歉。

《任何速度都不安全》一书引发了几场国会的听证会，并推动政府通过了 1964 年《国家交通和机动车安全法》（*National Traffic and Motor Vehicle Safety Act*）。这部法律首次授予联邦政府为机动车和公路安全制定标准的权力。第一批通过的标准包括以下规定：所有车上人员必须系安全带，所有车辆必须安装吸能转向柱、软包仪表板和双制动系统。就像政府对经济、环境的管控曾遭猛烈抨击一样，政府出台的这些安全标准也难逃这一命运。最激烈的反对声，来自本书第 1 章提到过的芝加哥大学经济学家萨姆·佩尔兹曼。

某天下午，我在佩尔兹曼位于芝加哥南区芝加哥大学经济学院的办公室拜访了他。73 岁的佩尔兹曼几年前就不再承担教学工作，但他仍在写作和开讲座。佩尔兹曼一身嬉皮士打扮，穿着花哨的格纹长裤、夏威夷衬衫和炫目的紫红色运动夹克。办公室里杂乱地放着一些咖啡杯和咖啡包装袋，还有一些证明他在布鲁克林长大的纪念品。办公室的一面墙上挂着《纽约每日新闻》（*Daily News*）头版剪报，上面报道了纽约大都会棒球队在 1969 年夺得世界职业棒球大赛冠军的消息。

佩尔兹曼从小生活在布鲁克林的班森贺，那里有很多“拥护新政”

---

①美国国宝级的超级跑车，通用旗下最高端的超级跑车品牌。——译者注

的工会成员。1948 年，他们要么支持哈里·杜鲁门（Harry Truman），要么支持同情苏联的无党派候选人亨利·华莱士（Henry Wallace）。佩尔兹曼还记得，那年 8 岁的他支持杜威（Dewey）[①]。佩尔兹曼先后就读于纽约城市学院和芝加哥大学。他说："我是家里的第一个大学生。在上第一节课之前，我根本不知道什么是经济学。我喜欢的都是一些互相矛盾的东西。"

大学毕业后，佩尔兹曼在加州大学洛杉矶分校教书。在那里，他第一次惊动了监管部门。1962 年，FDA 出台规定，要求新药在美国上市销售前必须要接受更多的试验。此举旨在禁止沙利度胺（一种用于防止孕妇晨吐的药物，该药会导致新生婴儿生理缺陷）一类的药物进入市场。

1973 年，佩尔兹曼在一篇颇具争议的论文中指出，这些规定对消费者的伤害远远大于帮助。许多患者不得不花费大量时间等待新药上市，而他们所患的疾病本可以治疗。这篇论文引起了米尔顿·弗里德曼的注意，他在《新闻周刊》（*Newsweek*）的专栏里对佩尔兹曼大加赞赏。在接受 BBC 的一位记者采访时，佩尔兹曼说："实际上，沙利度胺引发的悲剧并没有那么多。"国会听证会上，律师要求佩尔兹曼解释这一说法。对此他回应道，新药快速上市要付出代价，例如偶尔发生的"沙利度胺悲剧"，但也可以减轻许多痛苦。禁止使用沙利度胺，意味着许多人将会死于本可以治愈的疾病。

1975 年，佩尔兹曼再一次出现在监管机构的视线里。这一年，他发表了论文《汽车安全监管的影响》（*The Effects of Automobile Safety Regulation*）。佩尔兹曼想知道，1966 年以来的汽车安全创新是否达到预期效果。人们宣称，在引进各种安全设备后，死亡率有所下降。普遍的说法是，机动车每行驶一公里，乘客死亡率降低 10% ~ 25%。佩

①此处指约翰·杜威，美国哲学家、教育家，实用主义的集大成者。——译者注

尔兹曼对此展开研究，将这些说法与实际情况对比。他查看了机动车死亡事故的发展趋势后，得出结论：驾驶员死亡人数确实有所下降，但行人受伤和财产受损事件的增加抵消了前者的益处。

佩尔兹曼的研究结果显示，安全带和其他安全设备降低了风险，却鼓励人们更多尝试危险驾驶。他认为：“这些设备降低了每起事故的死亡和受伤概率，预防了很多事故的发生，却刺激了驾驶强度的增加，进而导致事故总量增加。”

佩尔兹曼的研究成果被引用了上千次，并为他带来“安全带山姆”(Seatbelt Sam)的绰号。此外，人们还创造了“佩尔兹曼效应”(Peltzman Effect）一词，用来解释从纳斯卡赛车中的交通事故，到冰球比赛中的处罚时间等各种现象。佩尔兹曼的研究并未止步于汽车业。1986年，他决定对 1938 年通过的《联邦食品、药品和化妆品法》（*Federal Food, Drug, and Cosmetic Act*）所造成的影响进行调查。这部法律要求某些被普遍认定的危险药品，只能凭处方销售。佩尔兹曼注意到，在随后几十年，药物中毒的发生率有所上升。他并不是想说该规定导致更多人中毒，但它确实也没有降低药物中毒的发生率。佩尔兹曼推断，医生的处方鼓励人们更多尝试特效药，从而增加了意外中毒事件出现的概率。

杰拉德·王尔德（Gerald Wilde）是加拿大安大略省金斯顿皇后大学的一名心理学家，他在佩尔兹曼研究的基础上，进行了更深入的研究。王尔德认为，每个人都拥有属于自己的“风险恒温器”(Risk Thermostat)，它会调节自身行为，直至它达到自身的风险偏好水平。当你拥有一部安全系数更高的新车时，“风险恒温器”会指示你提高车速，直至你的死亡风险恢复到与旧车相当的水平。

1967 年，瑞士将靠左驾驶改为靠右驾驶，王尔德用这一例子来阐明他的观点。该规定颁布后一年，瑞士的交通伤亡率明显减少。王尔德解释道，驾驶规定修改后，驾驶者感觉道路比以前更危险，开车时就更加谨慎，交通事故相应减少。但是他们很快适应了这一变化，在不到两年的时间里，当地居民的驾驶习惯又变得和以前一样，交通伤亡率也回到了规定修改前的水平。

对汽车安全性的抨击，很快就让学术界引火烧身。领导反击运动的，是公路安全保险协会的流行病学家利昂·罗伯森（Leon Robertson）。公路安全保险协会是一家致力于降低公路死亡与受伤事件（还有保险索赔）的行业智库。1970 年，该协会从哈佛医学院聘请罗伯森为协会的安全研究引入更科学的方法。

在早期的研究项目中，罗伯森发现，在 1968 年的新车型进入市场后，马里兰州的司机在汽车交通事故中受伤的概率明显下降，这与新的汽车安全标准（包括安全带方面的规定）颁布的时间不谋而合。不仅如此，与驾驶 1968 年以前车型的司机相比，新车的驾驶者撞到行人的概率也更低。因此，他十分怀疑佩尔兹曼的研究结果。罗伯森宣称，佩尔兹曼的论文有多处瑕疵：无法充分揭示饮酒量的变化，将摩托车驾驶员归类为汽车乘客，未对小汽车和卡车（1968 年的标准只涉及小汽车，而未涉及卡车）加以区分。他说，经过这些调整后可以发现，监管规则的改变使交通死亡率下降了 15% ~ 20%。罗伯森指责佩尔兹曼忽视了马里兰州和澳大利亚维多利亚州的调查结果，而这两个州是最早制定强制性安全带法律的地区。在这两个地区，驾驶员的死亡率有所下降，但行人死亡率未发生变化。

罗伯森对王尔德的批评更具讽刺意味。他认为，人们不是经常撞车，也无法准确地了解身边的实际风险（例如每天有多少司机喝醉了酒），自然无法做到像王尔德所说的那样，依据“风险恒温器”的指示，精确调整自己的行为。

佩尔兹曼和罗伯森素未谋面，他们的争论都在专业期刊和其他文章上进行。佩尔兹曼质疑罗伯森所做的调整，还有他对澳大利亚安全带法律中数据的解释。最让他不满的是，罗伯森没有任何人类行为学的完整理论。他指责罗伯森故意寻找那些符合其偏好的结论：“仅仅因为不喜欢某个特定的结论，就对数据进行选择性编辑，这几乎让你得逞了。”

对罗伯森而言，问题的关键却是佩尔兹曼过于迷恋理论。他轻蔑地评价佩尔兹曼：“他把一个理论过度具体化，以致故意忽略与其假设相矛盾的数据，这在科学界并不罕见。一个科学家经常这么干的话，就会失去其基础理论的公信力。”在批判王尔德的文章中，罗伯森写道：“许多反对实施安全措施（例如强制佩戴自行车头盔）的人，总是用风险补偿理论当支撑。遗憾的是，在晦涩的数学公式的掩盖下，经济学研究经常呈现出一种反监管的形态，看起来不像一门真正的科学。”

罗伯森说的没错。有关安全监管的争论不仅仅是统计学的争论，还是不同价值观的交锋。工程师、流行病学家和科学家相信，科学技术和开明的政策能让人类的生活更加安全，因此，他们的研究倾向于支持监管带来的好处，并抨击佩尔兹曼及其支持者。而经济学家、心理学家和生态学家则普遍认为，人类的风险偏好与生俱来，试图消除风险的做法很可能会失败。引导人类的行为是更加有效的措施，而监管往往会带来意想不到的后果。

对安全性进行批判的背后，还隐藏着自由主义的暗流。许多反对安全带规定的人，根本不在乎安全带的作用。他们更在意的是，这一规定侵犯了公民权利——公民有权去冒险。所以，信奉“不自由，毋宁死”的新罕布什尔州成为美国唯一不要求驾驶员系安全带的州也就不足为奇。

要证明佩尔兹曼理论的正确性，绕不开方法论的问题。要搞清楚安全设备的存在是否会改变人的行为，就必须观察在同一场景中的两个被试者：他们各方面条件一样，只是其中一人有安全设备，而另一人没有。然而，现实生活中存在太多变量，包括经济状况（收入越高的人越有可能高速驾驶）、执法情况（没有被系上的安全带并不会减少死亡人数）、行驶距离和道路类型（州际公路比两车道高速公路更安全）、交通密度（密集的交通会导致车祸事件增多，但由于此时车速比较慢，交通死亡率却会下降），还有人们的潜在态度（风险与汽车无关）。

还有一种特殊情况，某些人可能更愿意购买和使用安全设备。根据经济学家克利福德·温斯顿（Clifford Winston）的理论，安全意识高的驾驶者显然更有可能购买装有ABS和安全气囊的车辆。由此看来，伤害事件的减少是由驾驶者的性格，而不是由技术决定。温斯顿与他的合作者在华盛顿州开展的一项研究发现，ABS和安全气囊既没有减少撞车事故，也没有减轻事故的严重程度。这一结果表明，对这些安全设备形成依赖的驾驶者更容易危险驾驶，进而抵消这些安全设备的益处。

佩尔兹曼效应：最安全的地方最危险

随着更庞大的数据和更精细的研究方法被人们掌握，纯粹的“佩尔兹曼效应”变得无法确定。2001年，丽兰·安纳夫（Liran Einav）和阿尔玛·科恩（Alma Cohen）调查了某些州颁布强制性安全带法前后的交通事故死亡人数，借此观察强制要求驾驶员系安全带的后果。调查结果显示：有关安全带的规定的实施，确实提高了安全带的使用率，降低了驾驶者的交通死亡率，同时行人死亡率也未见增加。

这么看来，难道根本不存在“佩尔兹曼效应”？难道就像罗伯森所说，“佩尔兹曼效应”不过是一种被科学伪装的价值观？后来，人们发现“佩尔兹曼效应”的确存在，但并不是佩尔兹曼最早推断的那样。

随着 ABS 的出现，人们更加确信了这一效应的存在。

最初安装在飞机上的 ABS，后来被用在了汽车上。这一创新的安全产品将汽车危急时刻的控制水平提升到了新高度。当驾驶员在光滑路面上驾驶汽车，或者刹车用力过猛时，传统的刹车系统往往会将轮胎“锁死”(Locking)，而不是设法保持轮胎与地面间的牵引力。轮胎锁死后会发生打滑，从而使牵引力下降，而 ABS 会在轮胎即将锁死前感知到驾驶员的动作，阻止驾驶员对刹车连续施加压力，转而以每秒 18 次的速度进行点刹，从而在不锁死轮胎的情况下降低车轮转速。

1970 年，福特公司推出林肯大陆马克 3 车型——最早实现批量生产的配备 ABS 的汽车之一。通过这款车，福特不仅在奢华程度，也在安全性能方面树立了一个新标准：“让汽车以一种更平稳的方式停下来。”1978 年，德国制造公司博世推出电子 ABS。自那以后，这一系统越来越普及，设计越来越精细。在此后七年里，ABS 成为高端汽车的标准配置，价格也水涨船高。博世公司的专业驾驶员曾在瑞士北部一座结冰的湖上测试该系统，湖面光滑得犹如玻璃。

ABS 大大地缩短了汽车在测试跑道上的制动距离，降低了撞车概率。有了该系统，驾驶员在刹车时也能更好地避开障碍物。优异的性能激发了人们巨大的热情。据估测，ABS 在德国的普遍应用，将使严重的撞车事故减少 10% ～ 15%。

然而，初步调查后得到的结果却令人沮丧：撞车事故实际上并未减少。慕尼黑一家出租车公司有几辆车装有 ABS。3 年后，研究人员将这些车辆与其他出租车进行对比，得到了意外的结果：无论是否装有 ABS，出租车撞车的次数没有明显区别。看来，出租车装上 ABS 后，司机会开得更快，刹得更猛。一项研究发现，带 ABS 的车辆发生追尾的次数多于正面碰撞，因为有了 ABS 后，部分司机经常急刹车——急刹车会让他们更加安全，却让其他车辆更加危险。

一些研究人员有不同发现：追尾事故的数量并未增加，但翻车和车辆驶出道路的意外有所上升。车辆驶出道路或许是驾驶员太相信车辆的刹车系统，因而喜欢突然变道行驶；至于翻车，则是因为没有ABS系统的车辆驶出公路后很可能会撞到树上，而带有ABS系统的车辆可以避开路边的树，却更容易翻车。

有些驾驶员认为，ABS可以在任何道路上缩短制动距离；实际上，在某些路面上，ABS反而会使制动距离变长。20世纪90年代，巴尔的摩市警察局购买了几辆带ABS的福特金牛，但他们发现，与旧车相比，新车的事故率并没有减少。一位警官对《巴尔的摩太阳报》（*The Baltimore Sun*）表示："同事们每天都说：'我一踩刹车踏板就开始颤动，于是只好反复地踩，然后我就撞到树上了。'"对此福特公司的一位发言人回应说，这种车的踏板发生颤动是正常现象："当你采用点刹的方式制动时，车要花更长的时间才能完全停下来。必须有人把这一点告诉警官们。"

莱纳德·埃文斯（Leonard Evans）是通用汽车公司的高级研究员，他曾详尽评估配有ABS的通用公司汽车在1992年的使用情况，并于1998年发布了评估结果和其他几项研究。其中，由他独立撰写及与人合著的3份报告，调查了晴雨天事故、致命与非致命意外、单车与多车相撞、翻车、撞倒行人等交通事件，得到了100多项具体观测结果。其中，在湿滑路面上发生交通事故的风险，较平常降低约两倍，而在干燥路面上发生交通事故的风险，较平常上升3倍。

除了以上数据外，作为一个经常向大众发表演讲的人，埃文斯还就听众们如何受到ABS影响进行了一次测验。根据几百个观众的回答，他得出结论：没有一个人会因为汽车装配了ABS而降低驾车速度，许多驾驶者会开得更快。他自己也说："很多时候，因为我的车装有ABS，我会把车开得更快，即使在泥泞、狭窄的双车道上开车也是如此。

那时，我左边几尺远的地方就是迎面驶来的车辆，右边紧挨着一条很深的排水沟。”为了验证结论的合理性，埃文斯从俄勒冈州警方获得一份违法记录。他发现，在驾驶配备 ABS 的新款通用汽车的用户中，与超速相关的违法数量比非超速高出 60%，而驾驶通用汽车较早车型的用户，这一数字仅为 36%。

那么，为什么比起安全带，“佩尔兹曼效应”在 ABS 上表现得如此明显？艾德里安·隆德（Adrian Lund）是利昂·罗伯森在公路安全保险协会的继任者。他认为，回答这一问题的关键在于科技对驾驶行为的影响程度。人们经常忘记自己正系着安全带。“每次我让岳母系上安全带后，下车时，她经常就会被安全带给绊住。是否系安全带并不会影响驾驶行为，但如果你给驾驶者配上装有防滑链条的雪地轮胎，那你一定可以找到数据证明，他们在雪地上会开得更快。开快车没什么好处，但他们就是这么做。”隆德对我说道。

这似乎也解释了我们在 ABS 上看到的现象。当驾驶者知道自己的车上装有 ABS 时，他就会认为自己在身处险境时能更好地控制汽车，因而开得更快。大多数时候，这种想法没问题。当驾驶者在湿滑路面上驾驶时，ABS 确实能帮他避免很多危险。不过，这种想法有时会带来麻烦。ABS 带给驾驶者的过度自信，可能会让他遭遇本可以避免的交通事故。隆德想起第一次开着装有 ABS 的汽车前往瑞典萨博公司的经历。当时他行驶在冰雪覆盖的道路上，却无法让车停下来。“我什么东西也没撞上。我把车驶进弯道，让速度慢慢降了下来。我对萨博公司的人说，这太不让人放心了。他们的回答是：‘你必须习惯这种情况’。我告诉他们：‘你们之前可不是这么说的，你们说这个系统很神奇。’”。

这个结论很重要：某种提高安全的措施是否会产生抵消行为，很大程度上取决于该措施如何影响我们的行为。即使系着安全带，遭遇撞车事故依然会让我们很难受。没有一个驾驶者会因为幸存概率变大，就故意去冒更大的风险。但是如果我们认为自己的车拥有某种技术，能在第一时间避免事故的发生，或许我们就会把车开得更快。

这个结论也可以用于解释金融交易者的行为。还记得加里·戈顿帮 AIG 卖给欧洲各大银行的那些 CDS 吗？银行购买它们是希望为自己的冒险行为提供担保，从而获得一份风险更高（盈利也更多）的资产负债表。

30 多年后，佩尔兹曼承认，他最初的研究中有一个关键性错误——驾驶者并不会显著改变自己的驾驶行为，以至于抵消新的安全技术带来的效益。但他仍坚持认为，驾驶者多少会做出某种程度的抵消行为。美国国家公路交通安全管理局指出，安全带的使用人数在全国人口中的占比从 68% 升至 90% 后，每年因交通事故死亡的人数可减少 5536 人。然而，安纳夫和科恩的结论却是，安全带只会挽救三分之一驾驶者的生命。的确如此，在现实生活中，我们很少发现新面市的安全装备完全达到了预期的效果。

尽管如此，道路交通事故的死亡率一直在稳步下降。佩尔兹曼欣

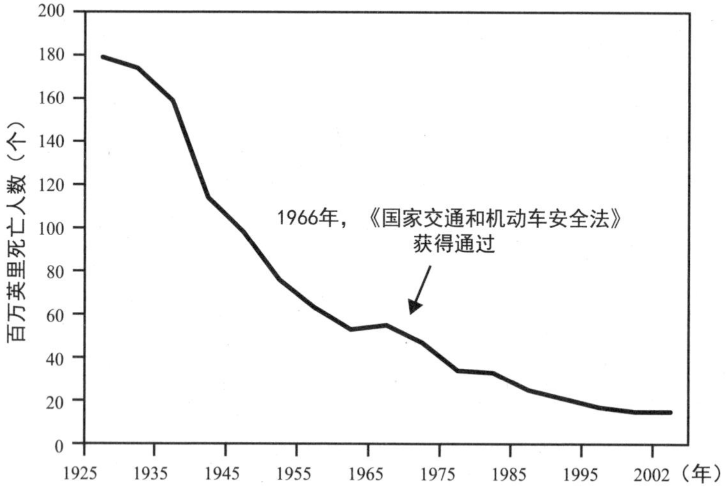

图 4.1　联邦安全法规并未显著降低车祸死亡率

资料来源：芝加哥大学萨姆·佩尔兹曼提供

然承认这一事实。问题是，为什么会这样呢？强制性安全法规的出台，不能完全解释死亡率的降低。佩尔兹曼注意到，在内德的《任何速度都不安全》出版前的数十年里，交通事故死亡率平均每年减少 3.5% 左右，此后几乎一直在以这样的速度稳步下降。

真正的原因在于人们对风险与安全的权衡：假设人们的风险偏好保持不变，当一项风险活动的安全性增加，人们就会更多地参与这项活动。但是风险偏好并非一成不变，人们有可能在还未参与某项具体活动之前，就武断地认为这项活动更加安全。

从伦敦大学学院 (University College London) 退休的地理学教授约翰·亚当斯（John Adams）认为，以上分析符合交通发展的状况。作为一名环保斗士，亚当斯曾经极力反对在伦敦周边新建高速公路，并为此发起一系列活动。到了职业生涯末期，他转而反对强制性安全带法规，并成为研究人类行为与风险的专家。

亚当斯指出，自 1950 年以来，和美国一样，英国每百万英里的交通死亡率也在稳步下降。而且在英国规定了更低的汽车限速、制定更加严格的酒后驾驶惩治法规和强制性安全带法后，这一下降的速度也几乎没有任何明显的变化。

亚当斯认为，交通死亡率下降的根本原因并非强制性安全法规的出台，而是社会对风险的容忍度在不断降低。1971 年，一项针对英国不同地区 5 所学校的调查显示，在 7 ～ 11 岁的学生中，无父母陪伴、独自上下学的学生比例高达 80%。1990 年，针对 7 ～ 8 岁的儿童，亚当斯又进行了一次同样的调查，这一次儿童独自上下学的比例仅为 9%。造成这一结果的主要原因不是家长担心儿童遭到绑架，而是交通事故。

随着社会富裕程度的提升，人们在安全方面的投入也越来越多。这也是贫困国家的交通死亡率高于发达国家的原因之一。亚当斯总喜欢展示尼日利亚拉各斯—伊巴丹高速公路的照片。虽然它与英国的高速公路相比，除了更加荒凉外，并没有什么不同，但频繁发生的交通事故导致拉伊高速经常拥堵并被迫关闭。

在2010年8月的一场车祸中，15个人被活活烧死。亚当斯这样说道：“从国外引进的现代科技，尤其是其中内含的安全技术，给尼日利亚带来了更高的交通事故死亡率。尼日利亚颁布了安全带法，规定了最高车速，也有禁止酒后驾车和开车时使用手机的规定。”但是尼日利亚没有英国人对公路危险驾驶行为的低风险偏好，毕竟，风险偏好的变化需要时间。

风险偏好也会随着年龄变化而发生变化。历史并未告诉我们某种方法，能够让年轻人相信他们的身体并非不朽之躯。20世纪30年代，几乎所有人都相信，大多数车祸都由“方向盘后的那个傻瓜”造成，防止车祸发生的最好方法就是培训驾驶员。驾驶员教育开始风行。到1960年，驾驶员培训甚至成为高中学生的必修课。接受过安全驾驶培训的司机还会被保险公司给予保费优惠。早期研究似乎也印证了那些推测——参加过上述培训课程的人发生交通事故的概率更低。

不过，更细致的研究揭开了个中真相。原来，越注重行车安全的司机，越有可能参加这些驾驶员培训课程。一旦将这点纳入考虑，良好的驾驶记录就会消失。实际上，某些学者认为驾驶员培训会导致更多交通事故，因为通过这一培训，年轻司机可以更快拿到驾驶许可证。年轻司机从课程中获得的能力，被他们对这种能力的过分自信抵消。挪威的一项研究显示，曾经学习过如何在光滑路面上驾驶汽车的司机，更容易招致因轮胎打滑而引起的交通事故。

与此类似，有时候对金融知识的培训也会影响到投资者，让他们做出更加明智的决策。但是这些培训项目无法保证投资者的资金安全。2006年次贷泡沫高峰时期，在芝加哥南区开展的一个试点项目深刻说明了这一点。该项目的辅导对象，是信用评分较低的人。他们申请的住房抵押贷款大都包含以下风险因素之一：3 年内调整过利率的贷款、负摊销抵押贷款（即本金随着贷款年限而增加）、提前还款罚金或住房买卖手续费超过 5% 的贷款和以自行申报收入（而非收入证明文件）作为担保的贷款。

该项目的申请人填完申请表后，必须参加一个时长 1 ~ 2 小时的会议。会议期间，一位顾问将对借款人的申请信息进行验证，并向借款人解释贷款合约的条款、违约后果和潜在风险。在这个项目推行期间，总共有 1200 名借款人接受了辅导。但是俄亥俄州立大学的伊萨克·本 - 大卫（Itzhak Ben-David）及 4 位合作者的研究显示，这种辅导似乎并没有影响借款人接受高风险抵押贷款的意愿。例如，固定利率的抵押贷款比可调整利率抵押贷款更加安全，因为前者的利率不会上涨，但是从可调整利率抵押贷款转为固定利率抵押贷款时，许多人做出了正好相反的决策。

不过，这种辅导确实也曾起到一些作用，比如它发现，9% 的贷款申请存在欺诈行为。此外，许多掠夺性放贷人因为害怕暴露而纷纷停止从事这类业务。与此同时，这种辅导还使那些不愿意花费时间和精力接受辅导的借款人退避三舍。事实上，这种辅导对于贷款需求和供给的影响非常巨大，以至于在社区团体和抵押贷款经纪人的压力下，这一项目不到一年就被叫停，比计划时间足足提前 3 年。我们从这个案例可以看到，人们的借款意愿确实很强，要说服他们放弃借款十分困难。即便你告诉他们，存在风险的贷款行为会威胁他们的财务状况也无济于事。

风险偏好有助于我们理解，完全避免美式橄榄球运动中的脑震荡事故为何如此困难。虽然直接得有点耍滑头，但是很明显，在英式橄榄球运动中，脑震荡事故似乎并不常见。

澳大利亚运动损伤专家安德鲁·麦卡因托什（Andrew McIntosh）

对比了美式橄榄球运动和不佩戴硬头盔的英式及澳式橄榄球[①]运动中，迎头撞击所产生的力量。他发现，美式橄榄球运动员的撞击力是英式或澳式橄榄球的两倍。原因有两个：

> 第一，美式橄榄球运动员佩戴头盔，因此撞击力度更大；
>
> 第二，风险偏好不同，美式橄榄球运动的观众比另外两种运动的观众更期待看到激烈的对抗场面。

在英式橄榄球中，后卫球员会尽量用手臂将持球的对方球员拽倒在地，接着再争夺控球权。他们不会将对手撞倒，而且直接用头部撞击属于犯规行为。英式橄榄球运动的国际规则严格限制了防护装置的数量和类型：允许球员佩戴柔软、轻薄的护套来保护耳朵，但绝对禁止佩戴硬质头盔。

即便如此，在英式橄榄球运动中，脑震荡事件也呈增长状态，这反映出该项运动的职业化趋势。英式橄榄球运动的球员体格越来越大，速度也越来越快（就像美式橄榄球运动的球员一样），导致撞击时的力度更大，受伤更严重。但是请不要忘记，在体育中，我们最希望收获的首先是兴奋和刺激，正如快速抵达目的地是我们对汽车的第一要求。任何降低比赛或驾驶危险性的措施，只不过是实现主要目标的一种手段。人们在追逐速度的过程中自然会牺牲掉一些安全性。

---

①一种结合了足球、英式橄榄球和美式橄榄球的运动。——译者注

FOOLPROOF

why safety can be dangerous and how danger makes us safe

第5章

理想的制度，不理想的人

债务过剩，保姆券不足

一个国家的语言可以帮助我们深入了解这个国家。德语中，“债务”与“愧疚”是同一个词（Schuld），这很好地反映出德国人对待储蓄（好）和借贷（坏）的态度。同样，对于消费所怀有的矛盾心理，也可以解释为什么德国的商店周日都不开门。德国最知名的零售企业之一阿尔迪（Aldi）就是厉行节约的典范，它曾把没有标签的袋装薯片放在普通的纸箱中出售。德国的税收部门对存款利息征税。一位经济学家甚至怀疑，德语中将来时态的缺陷，会让说德语的人感觉未来离自己很近，使其更加相信为将来存钱很重要。

欧洲债务危机的爆发，成了德国人展现态度的舞台。当希腊、葡萄牙和爱尔兰濒临崩溃时，德国是那些能够帮助它脱困的国家中最具实力的一个。2010 年，德国《图片报》（*Bild*）这样指责道：“破产的希腊人，你们应该卖岛还债，还要出售你们的雅典卫城！”

和许多人一样，德国人也把欧债危机归咎于意大利、西班牙、希腊、葡萄牙和爱尔兰等国家人民的陋习，认为是由于他们的肆意借贷，才将欧洲大陆拖至破产的边缘。

重视储蓄的国家不只有德国。《伊索寓言》（*Aesop's Fables*）中有蚂蚁和蚱蜢的故事，《圣经》中约瑟让法老王将 7 个丰收年的粮食储存起来，以应对后面 7 年的饥荒，还有我们熟知的谚语“省钱就是赚钱”，这些都说明储蓄是一种普遍认可的观念。储蓄体现了许多我们赞赏的价值观：节俭、自制、远见，它还代表着谨慎和稳妥。省下今天的钱，就能为自己和家人提供一份保护，以应对将来的变故。

我们应该相信经济学家，打破这种看似高尚的道德说教。有一条最基本但常常被人忽略的经济学法则：有人借钱，就一定要有人存钱。一国的债务，必然体现为另一国的资产。德国人热衷储蓄，而希腊人、意大利人和西班牙人喜欢借债，欧债危机就是这两方力量相互作用的共同结果。**纵观历史，国际危机大多由那些追求安全感的储蓄者所促成。**

很少有热衷储蓄的人认为自己要承担责任，因为这些储蓄者与其存款的最终使用者之间的联系很模糊。持有银行存款或共同基金的人，对于银行的贷款对象和共同基金购买的债券种类并不了解。这其实是刻意为之的结果。存款人只要知道他们可以随时拿回自己的钱就已足够，而借款人则希望在他们准备好之前尽可能不还钱，并且附加的条件越少越好。调和双方的不同需求，是银行或其他金融机构的事情。当存款人和借款人分属不同的国家时，这个任务就会变得更加复杂。最大的挑战之一，是用哪国的货币来还款。假如一个英国人借给一个美国人 100 美元，那么在他拿回这 100 美元时，是否还能兑换到同等价值的英镑呢？如果他借出去的是比索或德拉克马，情况又会如何？

银行家在借出一笔外币贷款前，必须考虑上述因素。如果他认为未来这种货币会因通胀和政府赤字而贬值，就会对这笔贷款收取更高的利息，或者去寻求某种该货币汇率不会变化的保证。20 世纪 30 年代，时任法国财政部长的乔治·博内特（Goerges Bonnet）曾这样问道：“被偿还的货币可能发生贬值，谁会愿意冒着这样的风险把钱借给外国人呢？”

19 世纪初，英镑在全球货币体系中扮演着十分关键的角色，这一货币体系能让全球范围内的出借人和借款人非常方便地建立联系。1821 年拿破仑战争（Napoleonic War）结束后，英国开始允许英镑直接兑换黄金。在整个 19 世纪，英国人和英国的银行家是否愿意借钱给某国，在很大程度上取决于该国是否实行金本位制。如果美元或比索能够兑换成一定数量的黄金，就能有效维持这种货币对英镑的固定汇率。英国投资者认为，当一国发行纸币（无法直接兑换成黄金）时，就会发生恶性通货膨胀，整个社会的信用也会崩溃。

当时，英美两国的经济互补性很强：英国是一个富裕的工业化国家，大量的闲置资金需要寻找投资对象；而美国是一个极具经济潜力的新兴国家，急需开发资金，但在英国，储蓄者和银行家主要是地主、神职人员、专业人才和退休军官等保守阶层。他们对两位数的高投资收益不感兴趣，在保证本金能够收回的基础上，获得 5% 的回报已经令他们十分满意。他们根本不想要那些无法兑换黄金的外国纸币。19 世纪早期，英镑和美元受到黄金支撑，因此美国借贷者承诺使用这两种货币偿还贷款后，就从英国人那里借到了大量资金，并将其投入美国运河、铁路和其他经济项目的开发。

在美国内战时期，北方联邦为了支持战争急需大量资金，于是决定发行不与黄金挂钩的纸币——“林肯绿币”。这使得巴林银行（英国当时历史最久、最有名望的商业银行）无法将美国债券卖给英国投资者。当宾夕法尼亚州开始用绿币，而不是黄金偿还债务时，罗斯柴尔德家族的一位代表指责该州让英国和欧洲大陆的寡妇和孤儿们陷入贫困。

1869 年，尤利西斯·辛普森·格兰特（Ulysses S. Grant）就任美国总统，他承诺恢复金本位制。于是，英国的有钱人又开始把钱借给美国人。然而在 1877 年，美国国会提出了一项允许用白银偿还债务的法案后，英国的债权人又开始逃离美国。为支持本息均以英镑还款的殖民债券，英国的投资者纷纷抛售美国债券。最后的结果是国会通过的法案只允许发行少量的银币，美国于1879年再次恢复金本位制。

19世纪晚期是全球化的黄金时代，越来越多的国家实行金本位制。金本位制让这些国家的债主们吃了一颗定心丸，向他们借钱变得更加容易。正如货币史学家迈克尔·波多(Michael Bordo)及其合著者休·罗考夫（Hugh Rockoff）所说，金本位制是一个“出色的金融管家”。此外，金本位制的支持者认为这种制度还带有一些道德色彩，他们把放弃金本位制视为恣意挥霍的愚蠢行为。这种观点的支持者至今仍然很多。承诺以黄金偿还贷款的国家，只需支付很低的利息。以智利来说，其黄金债券的利率为5%，而纸币债券的利率达7%。

在金本位制下，借债变得更加容易，债务规模因此急剧扩张。为了规避货币贬值的危害，债权人坚持要求以黄金偿债，但这又产生了另一种风险——债务违约。阿根廷就是一个典型的例子。

1868年，阿根廷开始实行金本位制，在1870—1889年，为开发阿根廷广袤而富饶的平原地区，流入该国的资金总额合计相当于阿根廷GDP的19%，但阿根廷累积的巨额债务难以按时还清。1890年，巴林银行承销的布宜诺斯艾利斯自来水及排水公司债券无人问津，导致其遭遇巨额亏损，一度濒临破产。阿根廷宣布暂停实施金本位制，国外资金纷纷出逃，阿根廷经济陷入崩溃。在随后发生的政治动乱中，阿根廷总统被迫辞职。不过，阿根廷对债务进行了重组，英国政府也出手救助巴林银行，资金很快又流回阿根廷。

英国债权人对金本位制的信任程度让人震惊。第一次世界大战爆发前夕，英国每年的对外投资接近其GDP的10%，它从这些海外投资上所获得回报也约占 GDP 的 10%。比起购买本国制造企业的股票，英国投资者更愿意把钱借给外国人。

不过，金本位制对维护世界金融体系稳定的作用很脆弱，因为它要求对一国的经济结构进行大幅调整，某些国家无法承受这种巨大变动。毕竟，一种货币的价值，在很大程度上取决于该货币在国内的购买力能否保持稳定。因为稳定的购买力与生产力（企业效率越高，成本增长越慢）、通胀水平（物价上涨会削弱货币购买力）、政府赤字（政府可能会通过印钞票来还债）以及私人储蓄（一个国家存得越少，就借得越多）有关。为了保持平衡状态，汇率会上下波动。当某国通胀率过高，或者消耗很多但产出极少时，该国货币就会贬值以降低成本。尽管浮动汇率（不同货币之间的汇率自由涨跌）十分无序，但它对经济运行至关重要——让各自独立的经济文化共存于世。

米尔顿·弗里德曼将浮动汇率比作夏令时间：

> 每到夏季就把时钟往前调一小时看起来荒谬可笑，因为通过改变人们的生活习惯，完全可以达到同样的目的。我们只要让人们提前一小时上班，提前一小时吃午饭，等等，但是很显然，通过调整时钟改变所有人的行为，比让每个人改变他们的行为习惯容易得多。这一点与外汇市场非常相似。比起改变构成一国价格体系中的各类价格相比，仅允许一种价格，即外汇价格发生变化显然要更加容易。

在金本位制中，上述调整不被允许。通货膨胀会导致成本上升，从而造成国家出口下滑，进口增加。这时，当出口少于进口（即贸易逆差），一国就会通过借债来弥补差额。如果该国借不到钱，它就只好用黄金来冲抵外债。随着黄金储备持续减少，该国不得不通过提高利率来吸引借款人和他们持有的黄金，同时，通过削减政府开支以减少借款。这样一来又会造成物价和薪资下降，导致通货紧缩的出现。在通货紧缩时期，一国将减少进口，恢复出口。

通货紧缩是一个非常痛苦的过程，经常会带来经济衰退。这就是一个国家加入金本位体系所要付出的代价。19 世纪末，当俄罗斯准备加入金本位体系时，当时的财政部长哀叹道："我们必须加大出口，否则就没有希望。"

但是有些国家无法承受这种牺牲。波多和另一位历史学家哈罗德·詹姆斯（Harold James）认为，加入金本位体系要历经许多困难，这甚至是俄国革命爆发的推动因素之一。当时很多俄罗斯人相信，沙皇正向外国人出卖民众的利益，外国的债主掌控着俄罗斯的外交政策。

在第一次世界大战期间，英国暂停实行金本位制，用大量政府借款为战争融资，造成物价暴涨。战争结束后，英国恢复了金本位制，这使得它在通货膨胀的拖累下痛失竞争优势。为了恢复到战前的生活水平，英国需要承受数十年的高利率和通货紧缩，以摆脱衰退。

金本位制还有另一个负面作用。有些国家为了不使黄金储备下降，通过提高关税等手段以维持贸易顺差，但这种做法会伤害其他国家的出口，实际上是在迫使其他国家出现逆差。如果所有国家都以贸易顺差为目标，就没有人会从别国进口，全球贸易体系将因此瓦解。

我们可以通过一个真实案例来说明这一点。

20 世纪 60 年代，居住在华盛顿特区国会山的家庭达成了一项互相照管孩子的协议：每个替他人照管小孩的家庭可以获得"保姆券"作为回报，使用这种"保姆券"能请其他家庭照管自己的孩子。然而，就像经济学家理查德·詹姆斯·斯威尼（Richard James Sweeney）和他的妻子琼·斯威尼（Joan

Sweeney）所描述的那样，由于社区中流通的“保姆券”很少，很多家庭都不愿意因为外出办事而使用“保姆券”，造成所有人都想替别人照管孩子。

“很多想要外出办事却没有‘保姆券’的家庭，为了获取‘保姆券’都急切地想得到替他人照管孩子的机会，但‘保姆券’没法调整价格，这使得‘保姆券’的短缺问题日益严重。保姆合作社甚至为此制定一个规定，要求每个家庭每半年至少外出一次。可以想象的是，这个规定出台后，一些家庭开始逃避责任，尽量不出门，由此引发各种违背公德的行为，最终导致保姆合作社流产。”在一个学术期刊上，斯威尼夫妇这样写道。

经济学家认为，不道德的是储蓄者，而非借款人。对他们而言，保姆合作社就是一个经济体。在这个经济体中，每个人都想储蓄，但没有人愿意借贷，这恰好与金本位制的情形类似。20 世纪 20 年代，美国和法国通过贸易顺差积累了许多黄金，而英国和德国的黄金储备都在减少，这迫使英德两国收紧信贷，它们的经济增长也因此受到抑制。经济史学家巴里·艾肯格林（Barry Eichengreen）观察到，当时的法国人认为，法国之所以出现贸易顺差，是因为他们比英国人更加节俭、更有职业道德，这与当今德国人的观点非常相似。

为了解决短缺问题，保姆合作社向所有成员发行了更多“保姆券”，减轻了成员的压力，使他们不必为了节省“保姆券”而待在家里不出门。然而，这样的做法（向人们发更多黄金）对于国际金融系统而言，显然不现实。黄金的供应量取决于每年的黄金开采量。还有一种办法，就是让货币不再与黄金挂钩。这样一来，货币的价格就可以上下波动，从而让货币更好地反映出一国的潜在竞争力。英国最终采用了这种方法。1931 年，英国脱离金本位制，随即英镑对美元就贬值约 25%。汇率下降使英国恢复了竞争力，同时也拉低利率，提高了需求。这一举措迫使英国的贸易伙伴对本国货币进行贬值。那些没有采取贬值措施的国家，要么实施汇率管控，要么提高关税。

如今，经济学家们都知道，金本位制才是导致“大萧条”出现的主要原因。为了维持货币平价，实行金本位制的国家不得不保持更高的利率和平衡的预算，其国内经济受到严重抑制。相反，放弃金本位制的国家脱离了这种束缚，经济得以更快复苏。

但当时的人们并不这么认为。他们把“大萧条”与“以邻为壑”的贬值策略联系起来，认为是金本位制造就了这个稳定、有序和繁荣的世界。这就是在 1944 年的布雷顿森林会议上，世界各国一致同意恢复固定汇率的原因。美国让美元盯住黄金，其他国家则让本国货币盯住美元。新模式并未像金本位制那样得到严格执行，在必要情况下，有些国家也会让本国货币贬值，尤其是在得到 IMF 准许的情况下。

当某些国家开始大量囤积美元，同时美国不断加剧的通货膨胀又在削弱美元相对黄金的价值时，这个新的货币体系就开始瓦解。其他国家理所当然地怀疑美国是否具备足够的黄金为美元提供支撑，于是开始将美元换成黄金。1971 年，由于黄金储备不足，美国“关闭”了黄金兑换窗口，不再允许美元以固定汇率自由兑换黄金。紧接着，各国汇率出现混乱，美元、日元、法郎、英镑和德国马克的汇率出现剧烈波动。

货币稳定的时候反而有害

欧洲恢复固定汇率不久，就以流产告终。20 世纪 20 年代，法郎走弱给法国留下了痛苦的记忆。70 年代末期，时任法国总统瓦勒里·季斯卡·德斯坦（Valéry Giscard d’Estaing）认为，100 年前的稳定增长和工业化得益于金本位制带来的货币币值长期稳定：“金本位制植根于乡村经济以及重视节俭这一基本价值观……法国的繁荣离不开稳定的货币。”通过建立欧洲经济共同体，欧洲各国间有了更加紧密的经济联系，从此一头扎进了经济一体化的洪流。它们试图通过这种方式，彻底解决过去一个世纪以来欧洲冲突不断的根源。接下来，就是货币的统一进程。20 世纪 70 年代开始，欧共体各主要成员国都开始寻求互相锁定汇率的办法。

然而，国际炒家总是会定期试探各国政府维持汇率稳定的决心，看看它们如何执行降低通胀、参与竞争和平衡预算的政策。此外，由于许多国家无法成为像德国一样低通胀、高储蓄的国家，它们的货币经常被迫对德国马克贬值。1990 年，欧洲委员会的一项调查指出：“要解决货币信用问题，唯一可行的方法就是实行单一货币制度。”于是，1992 年 2 月，欧洲各国在荷兰马斯特里赫特签订了一项协议，承诺在 1999 年前实现货币统一。

欧元体系的构建者意识到，必须对经济的基本要素进行调整。他们针对通胀水平和预算赤字制定了严格标准，只有符合标准的国家才有资格加入欧元区。

1992 年秋，欧元区遭到了历史上最具破坏力的投机性攻击。事后看来，这场危机就好像为了检验上述观点而来。因为坚信英国、西班牙、法国和意大利会将本国汇率维持在高位，乔治·索罗斯（George Soros）等投机炒家抛售了它们的货币，总价值达数十亿。这些国家也不甘示弱，奋起还击。它们首先用手中宝贵的德国马克买进溃败的本国货币，然后通过加息尽力挽回投资者的兴趣。到最后，实力稍弱的货币相继投降。在“黑色星期三”，英格兰银行宣布结束英镑保卫战后，英镑瞬间贬值 7%。同一天，意大利和西班牙的货币也双双跳水。

事实证明，“灾难可预测”这一说法没有根据：在英镑贬值和利率下调的刺激下，英国经济第二年就恢复增长；而通过大幅加息成功打赢法郎保卫战的法国却陷入衰退之中。

在这次危机之后，除英国外，其他欧洲国家达成共识：只有实行单一货币，才能让这类危机不再上演。索罗斯对此表示赞同。他在一篇杂志文章中警告说，如果不实行单一货币，欧洲将会四分五裂："没有统一的货币，共同市场无法长期存在，因为人人都知道货币市场非常不稳定。货币投机也会影响相关经济体的稳定。"

法国银行家担心，如果类似 1992 年那样的危机不断重演，利率将长期高位运行。所以，他们迫切希望早日实行单一货币。西班牙、意大利和其他经济相对落后的国家因害怕经济陷入停滞，也加强了工作力度，以期获得加入欧元区的资格。1996 年，在一次竞选活动中，罗马诺·普罗迪（Romano Prodi）宣称，为了加入欧元区，他将不惜一切代价。后来普罗迪成功当选意大利总理。意大利的选民都对他表示支持，即便他们清楚，加入欧元区的代价将是多年的紧缩政策（减少预算赤字）和较高的利率水平（降低通胀水平）。

德国的态度转变最大。这个国家对欧元一直怀有一种矛盾心理。在两次世界大战的中间，德国长期处在货币和经济动荡中：先是恶性通货膨胀，然后是通货紧缩，后来又是经济不景气。正是这种动荡局面的出现，为希特勒掌权提供了契机。在重建德国时，同盟国帮助它创造了一个完全独立的央行体系，以确保其央行不再成为政治镇压或军国主义的工具。德国央行坚持用加息来抑制通胀，使得欧洲国家之间的汇率剧烈波动。德国领导人也意识到，加息不是长久之计。在"黑色星期三"的货币危机后，这一问题越发凸显。在那次危机中，英国的各大报纸甚至不怀好意地将德国央行与纳粹联系起来。

奥特马·伊兴（Otmar Issing）是一名经济学家，也是德国正统货币政策的代表人物。作为德国央行董事会成员，伊兴长期以弱国永远无法达到加入欧元区的条件为由，反对建立货币联盟，但“黑色星期三”之后发生的若干事件改变了他的想法。每次德国贸易伙伴的货币贬值，它们出口到德国的产品就会自动降价。1992 年危机爆发时，伊兴烦恼不已，担心德国南部的企业会因为无法与意大利竞争而破产。“这迫使我们不得不采取征收关税和量化紧缩等措施，”伊兴大声警告道，“如果货币灾难再次重演，单一欧洲市场将不复存在。”

伊兴从货币联盟的质疑者变成了它的支持者。1998 年，他被任命为“欧元的守护者”——欧洲中央银行董事。伊兴认为，货币稳定就是政治稳定，罗马征服西欧时，也带去了它的语言（拉丁语）和货币（迪纳厄斯）。当欧洲议会举行听证会来评估伊兴是否胜任欧洲中央银行董事这一职位时，伊兴提出，他在青少年期间便想象过一个商人只使用同一种货币，就从罗马游历到现在的科隆，甚至是伦敦的场景。“罗马帝国统治下的和平时期，保证了政治的凝聚力，而黄金的稀缺确保了其作为货币的稳定性。”之后，伊兴提到罗马帝国崩溃、罗马货币以

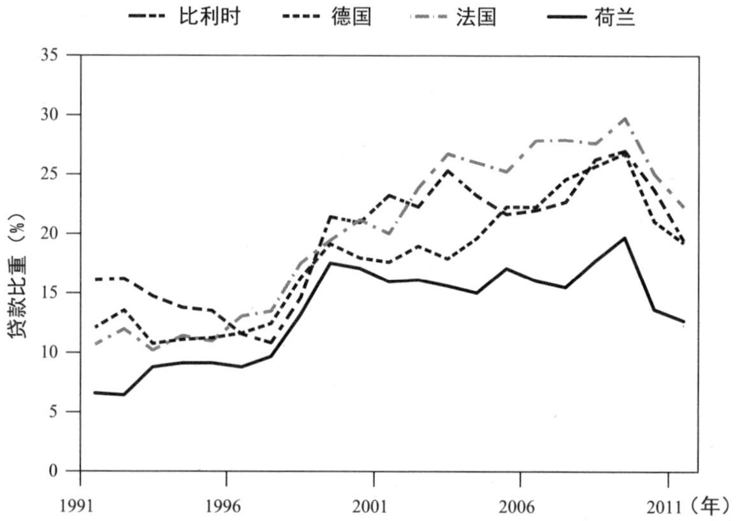

图 5.1　西北欧四国流入南欧五国的银行贷款比重

资料来源：银行贷款数据来自旧金山联邦储备银行

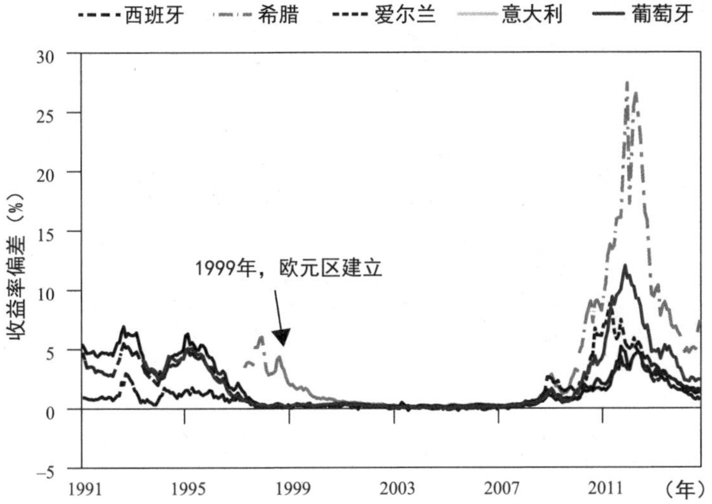

图 5.2 南欧五国与德国政府债券的收益率偏差

资料来源：利率数据来自经合组织的主要经济指标

及欧洲中世纪的黑暗时代，他夸张地反问道："此后几个世纪，欧洲都发生了些什么？"

许多人对欧元持怀疑态度，他们认为，欧洲各经济体仍然存在很大差异，一个统一的货币联盟无法为欧洲带来繁荣。如果没有周期性贬值，二线欧元区国家在庞大的政府预算和刚性劳动力市场的重压下，根本无法与它们的"北方邻居"竞争。他们预计，投机者将迫使二线欧元区国家的政府支付高额利息，并承受长期高失业率的折磨痛苦。如果不对失业者提供更多帮助，民众的不满情绪会将欧元消灭掉。

事实上，欧元体系的建立带来了与预测截然相反的效果。二线欧元区经济体的利率大幅下降，经济飞速增长。20 世纪 90 年代，"欧猪五国"（PIIGS，葡萄牙、爱尔兰、意大利、希腊、西班牙）政府的支出，比德国给他们的贷款还高 5%，而到 21 世纪初，这一差距已经完全消失。欧元带给储蓄者的信心，甚至超过 19 世纪末的金本位制。北欧的银行纷纷主动把钱借给南欧的客户，德意志银行和荷兰国际银行（分别为德国和荷兰规模最大的银行）大幅提高了他们对"欧猪五国"的贷款规模。1997 年，“欧猪五国”客户在德国各银行中的比例仅为 12%，而到了 2008 年，这一比例猛增至 25%。对于荷兰各大银行而言，这一比例也从 10% 增至 18%。此外，跨国并购也迅猛增加。2001 年，时任德国央行行长的恩斯特·韦尔特克（Ernst Welteke）对一位英国民众表示：“在欧元区内进行并购或收购时，已不再需要评估长期的汇率发展趋势。”

贷款规模激增，是因为人们相信这些国家的借贷风险已经消失。在单一货币体系内，放贷者不用再担心借款人还款时，货币会发生贬值。此外人们认为，即使现在欧元区成员不都像德国一样，坚守平衡预算和努力工作的信条，但至少都认可主权债务不违约这一理念。对于欧元区外的国家而言，加入欧元区如同加入一个多世纪前的金本位体系一样，收获一枚得到肯定的“印章”。以塞浦路斯为例，长期以来，这个小岛国将自己定位为离岸金融中心（尤其对俄罗斯和其他东欧国家而言）。因此，如果它加入欧元区，那些支持塞浦路斯的银行在地中海东部地区扩张业务的债权人就无须担心货币贬值。

不过，**人们认为欧元已使经济危机成为历史的想法，正是欧元走向毁灭的根源**。欧元体系的设计者认为，随着越来越多的国家加入欧元区，它们将不得不加快本国财政和经济改革的步伐，以符合德国的标准。为加入欧元区，他们确实是这么做的。然而，与之前的预期相悖，当他们加入欧元区后，事情就开始朝着反方向发展。以前，债权人担心货币贬值，于是就向经济实力较弱的欧洲国家收取更高的利息，从而刺激这些国家改革。而一项研究证明，加入欧元区后，这种担忧和刺激都已消失。

2002 年，西班牙放弃降低本国劳动力市场刚性需求的努力，西班牙的失学率随即大幅攀升，腐败问题加剧。储蓄银行（Cajas）由西班牙地方政府管辖，资本大量流入使得该行对地方开发商的贷款规模剧增，而这些钱大多流入那些业绩堪忧的项目。此外，希腊过于优厚的养老金制度，成为拖累该国财政的沉重负担。作为加入欧元区的条件之一，从 20 世纪 90 年代起，在欧盟的敦促下，希腊政府就试图改革养老金制度。然而在加入欧元区后，希腊改革的政治和经济压力全部消失。

1994 年，希腊的债券收益率为 22%，但到 2003 年，收益率骤降至 3.6%，与德国持平。2001 年，希腊政府试图提高退休年龄，减少退休福利，并延长工作年限，换言之，提高公民领取养老金的门槛。然而，面对大规模的抗议活动，政府只好作罢。接下来的几届希腊政府要么推迟改善糟糕的国家财政，要么干脆对其视而不见。

在西班牙和爱尔兰，大量涌入的资本进入当地银行，银行再把这些钱借给购房者和房地产开发商。这引起住房建设的热潮，当地房价涨幅因此远超美国。受到繁荣房地产业的影响，促使南欧经济体提升竞争力的压力大幅减弱。的确，这些国家的物价和工资的上涨速度超过德国，其后果是南欧经济体的竞争力遭到不断侵蚀，它们的贸易逆差越来越大。

德国的资金不断流入，使南欧发生的一切成为可能。我在前文提到过，德国的债权人可能不会将两者联系起来，因为他们只是把钱存进银行，再由银行借钱给南欧国家。欧元的流通，使德国的银行愿意为南欧提供大量低息贷款，并允许它们背负更大的债务规模。在前欧元时代，这一切不可能发生，而投资者和欧洲的领导人几乎看不到这些风险。他们沉醉在财政自律中，并从爱尔兰和西班牙的预算、负债占 GDP 比重的持续下降中获得慰藉。

直到 2010 年，欧洲的领导人依然坚信，统一货币使得欧元国家间的借贷不再是难题，就像美国的纽约借钱给佛罗里达州一样平常。2009 年秋，新一届希腊政府放出消息说，上一届政府在预算赤字上撒谎。一夜之间，希腊债务从可控跌入难以承受的状态。2010 年，欧元区其他国家与IMF联合制订一项针对希腊的救助计划，同时开始探索一个更加广泛的解决方案，以便在其他国家陷入麻烦时出手干预。

但这要付出代价。德国总理安吉拉·默克尔（Angela Merkel）担心，救助这些挥霍无度的国家将引发道德危机——债权人会继续借钱给这些国家，而他们却完全不了解这些国家的偿债能力。2010年10月，默克尔与时任法国总统尼古拉斯·萨科齐（Nicolas Sarkozy）在法国多维尔的海边散步。默克尔试图说服萨科齐，作为实施救助的条件之一，政府债券的私人投资者必须“剃个头”，接受100欧分的债务减记。实际上，主权债务已经变得像铁路债和超市债一样，并非神圣不可侵犯。

《多维尔宣言》（*Deauville Declaration*）成为欧洲的“雷曼时刻”。人们曾认为金融系统固若金汤，但就在宣言颁布后，这个根深蒂固的信念坍塌，不安的情绪演变成恐慌，其影响范围远超希腊债务之外。持有西班牙、意大利、葡萄牙或爱尔兰债券的北欧投资者发现，现在他们最大的担心不是前欧元时代的货币贬值问题，而是一个更加严重的状况——债务违约。自二战结束以来，欧洲从未发生过债务违约，这次事件发生的意义深远。在欧洲，人们认为各大银行不可能倒闭，因为政府总会对它们伸出援手，但如果政府也破产，银行自然无法幸免。所有把钱借给南欧国家银行的投资者，都将面临资金亏损的风险（正如2013年救助塞浦路斯时，许多存款人蒙受亏损一样）。

北欧国家的银行和其他投资者开始抛售南欧政府债券，导致债券收益率暴涨，破坏欧元已经实现的趋同标准。此外，北欧的储蓄者开始从南欧国家的银行抽走存款。自引入欧元以来欧洲进展迅速的金融一体化进程，就此发生逆转。

在前欧元时代，固定汇率在遭遇投机性攻击时会出现周期性崩溃，但固定汇率的好处在于，贬值会纠正引发危机的不平衡因素，这很像金本位制时代货币相对黄金的贬值，但欧元区内部并不存在类似机制。

当北欧债权人退出后，南欧国家不得不通过削减政府支出来减少财政赤字。此外，由于国内销售情况不佳，工人被迫下岗，收入减少。企业主想尽一切办法，试图从德国夺回他们的竞争力。

《多维尔宣言》发布两年后，欧洲央行试图挽回损失。时任行长马里奥·德拉基（Mario Draghi）承诺，会不计代价拯救欧元。这意味着，欧洲央行将出手购买个人投资者不愿购买的意大利、西班牙债券。与美联储通过给予各大银行“大而不倒”的待遇来应对“雷曼时刻”一样，欧洲央行宣布欧盟各国的主权政府“大而不倒”。这一应对被证明相当成功。事实上，在写作本书时，欧洲央行还未启动紧急权力来购买任何债券，南欧各国政府债券的利率也已大幅下跌（还未达到北欧国家的水平）。至少目前来看，投资者的安全感已经开始恢复。

都是崇尚储蓄惹的祸？

损失不可避免。为了缩减预算、缩小贸易逆差，南欧各经济体忍受各种痛苦，包括失业率高企，公众对欧洲经济一体化的支持率持续下降，极端主义和各种民粹主义党派猛烈抨击移民、银行和外国人等。这些政治紧张事件可能会引发一些力量，将某些国家赶出欧元区。

建立一个没有汇率危机和债务危机的经济区并非不可能。美国 50 个州通用一种货币，然而自 20 世纪 30 年代以来，美国从未发生债务违约。不过，这种稳定局面也有前提——美国各州政府将大部分的经济控制权交给联邦政府。加利福尼亚州是否存在预算赤字或者犹他州是否还有预算盈余，对当地经济影响不大，因为大部分税收和政府开支问题都由联邦政府负责。没有人会在意伊利诺伊州政府是否会因为破产而无法救助地方银行，因为有联邦储蓄保险为这些银行保驾护航。

目前，欧洲还远远无法做到这一点。将国家预算交给一个联合的欧洲政府，或者银行存款让位给一个共同的存款基金，这样的前景还十分渺茫。虽然欧元尚存，但引发欧元危机的因素并没有消失：南北欧成员国的经济差异依然明显。要实现理想的均衡状态，不仅涉及削减工资和政府支出的南欧国家，还涉及增加工资和政府支出的德国，但德国对此毫无兴趣，并且依然认为，过度负债才是该地区出现危机的原因，而不是过度储蓄。德国从欧元危机中摆脱出来，成为全球最大的贸易盈余国，这使得其他国家扭转财政赤字变得越发困难。

当美国指出这一问题时，德国用困惑和恼怒予以回应。“德国经济很有竞争力，其就业率达到历史高点。我们不明白为什么德国要因为经济上的成功而受到指责。”默克尔政党代表迈克尔·麦斯特（Michael Meister）如此说道。这种困惑可以理解。长久以来，德国人一直将节俭、克制和自律奉为优良品质。他们无法想象，自己应该为欧元危机负责。

类似的问题让全球经济饱受折磨。美国的危机有其独特之处，其根源在于世界其他地方的储蓄率过高。这可以追溯到东亚金融危机爆发的根源——东亚国家未能成功消除浮动汇率不确定，是导致这次危机的原因。

20 世纪 80 年代，泰国饱受两位数通货膨胀、过度私人借贷和预算赤字不断扩大的困扰。为重建经济，泰国政府推出几项严厉政策，其中包括对泰铢实行固定汇率。稳定的汇率成功减少外国投资者将本币借给泰国公司的担忧，因为他们相信，泰国债务人偿还贷款时，他们不会因泰铢贬值蒙受亏损。此举也间接鼓励泰国公司借入美元。一般来说，这样做有风险：如果泰铢价值下跌，以美元计价的贷款就会变得更加昂贵，从而加重企业的还款负担，但稳定的汇率打消了他们的担忧，剔除了泰铢贬值的风险。

源源流入的资金把泰国变成一个债务大国，其爆发危机是迟早的事情。这种被提前预见的危机案例并不常见。IMF 负责人多次向泰国发出警告，建议泰铢与美元脱钩。乔治·索罗斯大肆做空泰铢，这与他 5 年前狙击英镑时的做法如出一辙。1997 年 7 月，泰国政府被迫宣布货币贬值，在一天之内，泰铢暴跌近 20%。到第二年，泰铢对美元汇率已经跌去一半。亚洲金融危机爆发。

泰国的问题人尽皆知。许多邻国也面临类似问题（锁定美元汇率和过度外债），但规模要小很多。当投资者发现泰国不再将汇率与美元挂钩，就认为其他国家也会这么干。于是，他们开始纷纷逃离。一周后，菲律宾比索开始下跌，很快马来西亚、印度尼西亚和韩国货币也加入了贬值的行列。

由于担心这些国家的政府和银行可能发生违约，IMF 和美国急忙向它们提供紧急贷款，但附带了严格条件：泰国必须提高税收，平衡预算，重组破产的金融公司，并停止补贴国有企业；韩国必须提高外国投资者在韩国企业和银行中的持股比例上限，停止政府主导下的对工业财团的借贷，并且调低进口关税；IMF 更是向印尼提出一长串条件，主要针对时任总统苏哈托（Haji·Mohammad·Suharto）的腐败家族，这些条件包括关闭苏哈托及其亲属主导的高耗能项目（如汽车和飞机制造），取消基建工程以及打破苏哈托家族控制的白糖、丁香和其他产品垄断。

IMF 后来也承认，这些条件大部分与金融危机爆发无关，即便是针对解决危机而提出的条件（例如加息和缩减预算赤字），最后也不过是把情况弄得更糟。

在短短几年内，受亚洲金融危机影响的国家就开始复苏，但这场危机造成的伤痛以及接受各种紧急援助所带来的耻辱，给人们留下不可磨灭的记忆。韩国人把这场危机称为“IMF 危机”。最重要的是，所有新兴国家亲身体会过度负债带来的高昂代价。很多国家决心不再让自己陷入这样的境地：制定旨在防止外债规模过大的政策；商业投资和预算赤字受到限制，因为这些活动经常涉及国外借款；汇率被维持在低位，以便刺激出口、抑制进口。此外，这些国家还制定新法规，限制私人贷款者借入外币的数额。

应对亚洲金融风暴的最成功的国家是中国。中国一直实行固定汇率，但由于当时它尚未开放金融市场，国内投资者无法将存款兑换为美元，投机者也无法攻击人民币汇率。即便已经开放其他经济领域，政府依然继续执行现有的汇率政策。

接下来10年，中国政府继续对人民币汇率和金融市场实行严格管控，将汇率维持在低位。此后，中国发展成一个出口大国。1997年，东亚国家是世界其他国家的净负债国，但到2007年，中国已经成为一个重要的净债权国。

有债权国，就一定有负债国。当出口超过进口后，中国必须为其持有的美元找到某种投资渠道。与其他许多有类似情况的国家一样，中国选择购买美国国债。2007年，中国持有的美国国债超过8000亿美元，而亚洲其他国家持有的美国国债总额才不过1.3万亿美元。

这意味着即使美国还在不断向其他国家借债，其长期债券收益率和抵押利率依然低得难以置信。美国房地产市场因此繁荣。艾伦·格林斯潘把这一现象称为未解之谜，他的继任者本·伯南克则将此解释为“全球储蓄过剩”(Global Saving Glut)。伯南克指出，大量国外资金流入所导致的低按揭利率刺激住房建设，推高房屋价格，但当时他并未聊到，这会成为危机爆发的根源。

在引发2008年全球金融危机的所有因素中，全球储蓄过剩很可能是其中最不引人注目，也最少得到纠正的因素。美国人确实克制着他们的贷款需求。同时，为吸收某些过剩储蓄，中国也掀起一轮投资热潮。

尽管如此，许多其他国家比以往更加坚定地囤积大量海外资产以应对全球市场波动，并下定决心拒绝致命的政策性援助。2014年，海外资产购置基金的总规模达到 12 万亿美元，是金融危机前的两倍，这也是利率在危机后多年维持低位的重要原因之一。凯恩斯的“节约悖论”在全球范围内重现。

正如社会养老保险让个人无须攒钱养老、美联储让银行无须囤积现金应对存款人的兑现要求，全球也需要一个“最后贷款人”来消除各国的担忧，让他们无须为了应付紧急情况而储备大量外汇。这正是 IMF 成立的初衷，但是没有一个国家愿意接受 IMF 附带的借款条件。这些严苛的条件会强化各国通过增加储蓄来寻求自保的动机。

讽刺的是，韩国等国家保护本国经济、加快经济增长的种种努力，包括调低利率等，间接鼓励着某些可能导致下一场危机的投机行为。过去 100 年的历史告诉我们，如果每个国家都只顾自身的经济安全，最后的结果就是增大全球风险。

FOOLPROOF

why safety can be dangerous and how danger makes us safe

第6章

驯服与反驯服

10亿与1880亿

“桑迪”是美国历史上破坏性第二大的飓风，仅次于“卡特里娜”。它所导致的经济损失高达700亿美元。地铁被洪水冲毁，河水涌上曼哈顿的街道，大片海岸被泥沙掩埋，数百万人陷入断水、断电和断暖的境地。几周之后，被飓风袭击的纽约市迎来一场竞争激烈的总统竞选活动。在选民开始投票的几天前，纽约市长迈克尔·布隆伯格(Michael Bloomberg）决定支持奥巴马竞选总统。“‘桑迪’使周二总统选举的风险更加凸显，”他这样写道，“我们的气候正在发生变化，所有当选的领导人必须立即采取行动。”

布隆伯格表示，我们不能把“桑迪”造成的危害全部归咎于全球变暖，但他似乎与公众一样，认为两者之间存在某种联系——三分之二的选民认为飓风“桑迪”与气候变化有关。

你无法责怪他们。大量的科学研究明确告诉人们，气候变化会加强飓风的危害性，加剧干旱和火灾的程度，同时还会增加周期性强降水的发生频率。从美国的飓风“卡特里娜”和“桑迪”，到2009年澳大利亚毁灭性的丛林大火，再到2011年秋季重创泰国并导致全球供应链中断的洪水，环境灾害造成的经济损失随全球气温的上升不断扩大。

然而，气候变化并不能解释“桑迪”带来的严重破坏。“桑迪”飓风在登陆后，就已减弱为“后热带气旋”（Post-tropical Cyclone）。事实上，飓风破坏力如此巨大的主要原因，是大量人口工作和生活在一个具有潜在危险的地方。

为理解这一点，我们必须回顾历史。尼古拉斯·科奇（Nicholas Coch）是纽约城市大学皇后学院的地质学家，毕生追踪新英格兰和纽约地区受飓风袭击的历史记录。他发现的第一个飓风，发生在 1635 年，这次的飓风只是轻轻扫过，其主要袭击地区是印第安人的村庄和无人居住的原始森林。最让人难忘的飓风，是“午夜风暴”，根据科奇后来的记载，这个形成于 1893 年 8 月的 2 级风暴，几乎把一个群落从地球上抹去。霍格岛（Hog Island）在这次风暴中沉入海底。在科克重新找到它之前，大部分纽约人已经忘记霍格岛的存在。如今，每年夏季，这个靠近肯尼迪机场的堰洲岛都会迎来探险猎奇的游客和游泳爱好者。

然而，与 1938 年新英格兰的 3 级飓风比起来，“午夜风暴”根本不值一提。那个绰号“长岛高速”的飓风，是当时美国历史上破坏力最大的飓风之一。它横扫整个纽约市，在火烧岛和东汉普顿之间生生造出 10 个水湾。从罗德岛州至康涅狄格州，它摧毁、淹没其所经过的所有城镇，但这次飓风造成的经济损失只有 50 亿美元（以 2014 年美元价值计算）。

科奇指出，考虑到地形以及风和洋流的类型，这一地区 2 级风暴的破坏力相当于 4 级风暴。2006 年，科奇颇有远见地写道：“一场不可避免的北方飓风，将沿着美国经济最发达、人口最密集，也最易受暴风袭击的海岸登陆。它有可能演变成一场全国性的灾难。”

实际上，“桑迪”本不具备如此大的破坏力：它的能量不够强大；与以前的飓风相比，它的风速也不算高，没有带来大量降雨。然而，随着风暴继续发展，某种奇怪情况出现。“桑迪”变得越来越大，在海上奔袭的过程中，它还遭遇另外两个风暴系统。它们不仅加强“桑迪”

的能量，还改变“桑迪”的方向。“桑迪”开始掉头朝陆地深处移动。不仅如此，这个风暴还正好碰上纽约港的日潮和月潮，引发可怕的风暴潮。如果“桑迪”提前 9 个小时登陆，下曼哈顿区就可以躲过暴风的袭击，而皇后区和布鲁克林的大部分被洪水吞没。

“桑迪”造成的损失如此严重，主要原因在于自 1938 年以来，纽约地区的人口密度不断增加。过去，长岛和新泽西沿岸都是廉价小木屋，供工薪阶层家庭在夏季度假时居住；现在，这里已成为富豪聚居区。全球投行争相在曼哈顿地区兴建新总部，拉瓜迪亚机场和肯尼迪机场先后投入运营，索霍区、翠贝卡区和下东区那些空无一人的工厂和破旧不堪的公寓也都变成都市潮人和专业人士的游乐场。大部分人要么不知道自己居住在飓风行进的路线上，要么对此不在意。毕竟飓风并没有那么频繁。这种漫不经心的态度为下次飓风的破坏埋下隐患，让人们付出沉重的代价。

图 6.1　下曼哈顿区大部分被洪水所淹没的地区，都来自填海造地

图片来源：伦敦经济学人报业有限公司，2013 年 6 月 15 日

对于研究自然灾害和风险的专家来说，“桑迪”造成的惨重损失并不意外。就在 4 年前，一个由小罗杰·皮尔科（Roger Pielke, Jr.）领导的团队经过计算后得出结论，另一场与“长岛高速”相当的飓风将会给美国造成 390 亿美元的经济损失。著名的灾难建模专家凯伦·克拉克（Karen Clark）更将预计损失提高到 1000 亿美元。值得注意的是，一个比“卡特里娜”级别更低（最高级别是 5 级）的飓风，就能造成如此惨重的损失。

在有关飓风、洪水、森林大火以及其他自然灾难连篇累牍的报道中，人们总是把这类灾难与气候变暖联系起来。毋庸置疑，气候变化确实是导致这些灾难发生的部分原因。举例来说，自 1900 年以来，纽约地区的海平面已上升超过一英尺，增加风暴潮发生的概率，但风暴潮的危害日益加剧的真正原因，是大量的经济财富聚集在风暴的移动路径上。这为工程派和生态派间的争论提供又一个案例。人们不断涌入这些城市，尽管这让他们面对自然灾害时更加脆弱，但是也能让他们提高生产效率，并在平时获得更加安全的居住地。就像工程派杜绝经济危机的努力常会带来更大的金融危机一样，当他们精心设计的防御措施在自然灾害的袭击下不起作用时，灾难将更具毁灭性。

在与克里斯·朗斯（Chris Landsea）交流过后，皮尔科开始萌生研究经济发展如何与自然相互影响的兴趣。他们经常在午餐时间打篮球，球场就在科罗拉多州博尔德市的国家大气研究中心背后。在打比赛的过程中，他们发现彼此正在研究同一个课题——北大西洋的风暴活动。然而，他们的研究结论正好相反。在一篇论文中，朗斯认为北大西洋地区强飓风的发生频率正在稳步下降。记录显示，1991—1994 年是飓风活动最弱的年份。

与此同时，应美国国家科学基金会的邀请，皮尔科正在开展有关飓风强度的博士后研究。1992 年的飓风“安德鲁”带来的经济损失，刷新此前美国历次风灾的记录。在这之前，佛罗里达遭受的最严重的飓风灾害，其造成的经济损失也不到“安德鲁”飓风的一半。“非常清楚的是，飓风灾害造成的最严重经济损失，出现在 1991—1994 年。”某个晚上，皮尔科在华盛顿一边喝着啤酒，一边对我这样说道。然而在阅读朗斯的论文后，皮尔科发现：“这一时期飓风导致的经济损失最大，但是这一时期的飓风活动更弱。”

从这些看似矛盾的研究中，皮尔科和朗斯找到一条结合自然科学、地理学和经济学来研究自然灾难的新路径。他们研究很久以前发生的飓风，接着调查飓风袭击后，受灾地区的人口、财富和聚落形态，以此估算一个同级别的飓风会给当今社会造成多少损失。他们将这种做法称为“标准化”(Normalizing)。

根据他们的调查，1926 年，迈阿密及其周边地区的经济刚刚开始发展，其人口在高峰时期也就 10 万人；如今，这里已成为一个庞大都市圈的中心，拥有 500 多万人口，聚集大量的财富。1926 年“迈阿密大飓风”造成的经济损失达 10 亿美元（按 2011 年美元价值计算），而在今天，这一数字可能会超过 1880 亿美元。

皮尔科和朗斯对其他国家进行同样的调查。2009 年 2 月，澳大利亚维多利亚州的天气异常闷热，强烈的热浪引发数起森林大火。超级强风裹挟着大火在该地迅速蔓延，最终烧毁墨尔本北郊和附近城镇的 2300 处房屋，导致 173 人丧生。与美国的“卡特里娜”和“桑迪”飓风一样，大部分民众都认为这场大火与全球气候变暖有关。

皮尔科却不赞同这种看法。他与 4 名澳大利亚合著者分别调查该地居民和建筑的历史记录。他们认为，1967 年大火烧毁的房屋数量，仅有 2009 年大火的一半，只是因为那时该地的人口密度与 2009 年不同。在马里斯维尔和金雷克这两个损失最惨重的城镇，四分之一的被毁房屋都位于未开垦的森林地带或其邻近地区，其中 60% ~ 90% 都在未开垦森林的 10 ~ 100 米范围内。一旦风向有变，房子就会被随风飘散的火星点燃。

还有很多类似的情况。曼谷是一个经常遭遇洪灾的城市，被称为“东方威尼斯”。自 20 世纪 60 年代以来，泰国开始快速工业化，成为欧、美、日等跨国公司的汽车组装中心和计算机配件生产中心。为开辟工业园区，当地人排干湄南河沿岸的稻田，并在四周筑起堤坝。2011 年，超强季雨造成湄南河上游水库漫堤，洪水越过堤坝，肆虐曼谷市区。虽然垒沙袋和堵决口可以保护曼谷周边地区，但洪水最终还是会流往其他区域。1970 年以来保险损失最高的几次自然灾害中，2011 年的泰国洪灾排名第九。

皮尔科的发现几乎不会引起异议，但在紧张氛围所笼罩的气候科学中，一切又都能引发争论。大多数物理学家和社会学家都认同人为的气候变化正在发生，但对于如何更好应对，他们各执己见。这些应对措施主要包括减灾和顺应：前者即采取一切必要手段，减少大气中温室气体的排放量；后者是接受气候将持续变化的事实，并尽可能降低损失。大部分专家建议综合采用两种措施。减灾的拥护者缺乏顺应的耐心，他们认为这是在向毁灭地球的大灾难屈服。美国前副总统阿尔·戈尔（Al Gore）将顺应的做法比作对纳粹的“绥靖政策”。

皮尔科经常被划入气候变化怀疑论者的行列。这实在讽刺，因为他一直认同气候正在变暖，而人类活动排放的温室气体正是气候变暖的原因。在他童年时，气候变化是家人在晚餐中经常谈论的话题。他的父亲老罗杰·皮尔科（Roger Pielke, Sr.）是一位气象学家。1984 年，他为《大英百科全书》（*Encyclopedia Britannica*）撰写一个条目，预言二氧化碳排放量的稳定增长将使地球变暖。

随着地球温度升高，洪灾的破坏力也会越来越大：一方面，在其他因素不变的情况下，海平面上升意味着沿海城市遭受风暴侵袭的面积会更大；另一方面，由于水分会为飓风提供能量，而暖空气中又含有更多的水分，因此地球变暖将催生更多的超强风暴。

皮尔科并非质疑科学，也不反对有关未来的合理推测。他只是怀疑气候变化能否解释此前发生的灾难，如飓风“桑迪”等。他在众多公开发表的文章中指出，长期来看，飓风和干旱发生的数量并未增加。如果人类的开发活动增加，导致自然灾害带来的死亡人数上升，那么更务实的做法应是增强城市和人类聚居地的复原能力，而非醉心于减少空气中的二氧化碳含量。

这种争论还远未结束。即便皮尔科关于飓风造成的损失实际并未增加（相对 GDP）的观点正确，我们也绝不能说气候变化无关紧要。麻省理工学院的气候学家克里·伊曼纽尔（Kerry Emanuel）认为，考虑到人类抵御自然灾害的能力不断增强，灾害造成的经济损失相对于 GDP 而言本应下降。然而，灾害损失居高不下，或许是气候变化导致，而且过去的经验不一定能很好指导未来。如果科学清楚地证明气候变暖是风暴频发的主因，那么有针对性地进行一些准备无疑任重道远，因为让小概率事件留下一些明显可见的趋势需要数十年的时间。

克里指出，如果一位徒步旅行者得知附近森林中的黑熊数量增加一倍，他很可能会立即采取一些额外的防范措施，而不是等着黑熊发起攻击。在一项研究中伊曼纽尔与几位合著者预计，随着人类经济实力的增强，到 2100 年，全球飓风灾害带来的损失将上升一倍，并因气候变化再翻一番。

皮尔科并不是在说气候变化不会发生，或不会造成任何后果。他要告诉我们的是，相比温室气体排放，人类行为更能解释自然灾害造成的损失不断增加的现象。这意味着，如果人为因素是导致灾害损失大幅增加的主要因素，我们就必须思考，为什么人类会将自己置于危险之中。

洪泛区的逻辑：哪里都不安全

密西西比河是不错的研究对象。它是世界上最重要的河流之一，其流域面积相当于美国大陆的三分之一。它也是工程派和生态派争论的另一个“战场”。在欧洲人定居密西西比河流域前，时常泛滥的洪水一直在改变河道、三角洲形状以及河流的流向。由于密西西比河在运输、商业和农业活动中发挥着重要作用，自定居之日起，美国人就一直设法驯服这条河流。

18 世纪初期，密西西比河沿岸移民通过修建防洪堤来控制洪水，但这些防洪堤经常被河水冲毁。马克·吐温（Mark Twain）这样写道：“人类无法驯服那条无法无天的河流，密西西比河总是自行其道；任何工程技术都无法逼迫它做出改变。”

但美国陆军工程兵团不这么认为。

自 19 世纪 50 年代起，工程兵团就承担起治理密西西比河的艰巨任务。当时，国会两次批准对密西西比河下游进行调查，最终产生两种对立的研究结果，其中一方以土建工程师小查尔斯·埃利特（Charles Ellet, Jr.）为代表，他们认为洪水问题与洪泛区定居人口的数量增加有关，主张拓宽河口，加高和加固防洪堤，并在上游修建水库来控制河流流量。另一方以陆军上尉安德鲁·汉弗莱斯（Andrew Humphreys）为主导，他提出只需修建防洪堤，就可解决洪水泛滥问题。

汉弗莱斯的主张得到陆军工程兵团的认可，并于 1879 年获得国会批准。内战结束后，美国为加快工商业的发展，需要进行大量土木工程建设。在联邦政府资助下，美国掀起一股修筑防洪堤的热潮。为了让地势低洼的新奥尔良州不受北边庞恰特雷恩湖和南边密西西比河的侵袭，人们在这些地区修建了许多运河。

在1927年以前，按照密西西比河流域委员会的标准和等级修筑的防洪堤，没有一座被洪水冲毁。然而，就在这一年，从伊利诺伊州南部的凯罗市奔向墨西哥湾的凶猛洪水冲破堤坝，淹没了绵延100英里的广阔土地，造成200多人死亡，70万人（80%是黑人）无家可归。

1927年的洪灾带来两大重要变革：第一，工程兵团首席工程师埃德加·贾德温（Edgar Jadwin）彻底放弃仅靠修筑堤坝来对付密西西比河洪水的做法；第二，他们提请国会将洪水治理明确纳入联邦政府的责任范围。

这两项变革促成了工程学与经济学的联姻，“成本效益分析”（Cost-benefit Analysis）由此问世。引入成本效益分析，是经济规划领域迈出的革命性一步。它让工程兵团能够证明，在洪泛区建设新的洪涝治理工程存在合理性。这要得益于不断提高的农业生产水平、持续的工业化进程、扩张中的道路建设以及其他领域的发展。

但是在几年后的二战初期，一位不知名的31岁政府雇员指出，成本效益分析引出一个意料之外的结果。1942年，在政府部门身兼数职的吉尔伯特·怀特完成他在芝加哥大学的博士论文。这篇论文彻底改变了人们对于洪水治理的看法。

怀特提出了著名的“堤防效应”（Levee Effect）。该效应主要描述一种人性倾向，即当人们信赖防洪堤的保护时，就会在其保护范围内建造更多的房产。联邦政府投入大量资金修建防洪工程的做法，进一步强化人们的这种心理倾向。人们总是认为，洪水不会超过历史最高水位。他们根据这种判断修建许多防洪工程。怀特搜集了很多案例，证明这些保护措施并非万无一失。例如，辛辛那提市修建了一座水电站，其所在位置超过 1884 年洪水最高水位一英尺，却因 1937 年的一场洪水而被迫关停。这次洪峰超过历史最高水位七英寸。得克萨斯州布雷迪镇在 1930 年洪灾后为保护商业区而修建的砌筑墙，被 1935 年的洪水冲毁。此后，该镇又修建一座堤坝，并将其高度增加了 3 英尺，但这座堤坝在 1938 年时再次被洪水冲垮。1965 年，飓风“贝琪”席卷新奥尔良州后，陆军工程兵团对这一地区的防洪堤进行加固和扩建，从而鼓励了更多的开发活动。40 年后，这些建筑全部暴露在“卡特里娜”飓风之下。

在地方和联邦政府快速修筑新防洪设施的同时，附近地区的经济也在繁荣发展，人们遭受洪灾袭击的概率大大增加。20 世纪 30 年代，一项堤防工程在美国达拉斯市建成完工。在该堤坝保护的洪泛区内，房价飙升 4 倍。在俄亥俄河流域，人们兴建房屋、工厂和商铺的速度比工程兵团新建防洪设施更快。这些活动导致防洪工程的成本逐年增加，洪水所造成的经济损失也因此越来越大。

人类的防洪工程和开发活动具有一种自我强化的周期循环，这种循环使得自然灾害造成的损失不断增加。

切斯特菲尔德是一个以种植大豆、小麦和玉米为主的偏远农镇，属于美国圣路易斯市。20 世纪 80 年代后，各类企业和城市居民纷纷迁入此地，切斯特菲尔德变得越来越繁荣。1980 年，该镇接管“圣路易斯精神号”机场，并将该机场转型为当地最繁忙的商务与私人航空公司之一。

1947 年，当地农民为了保护庄稼，自筹资金建造一座私人防洪堤。随着新商业的不断涌入，城市规模日益扩张。20 世纪七八十年代，商人、农民和当地政府联合投入 250 万美元对该堤坝进行加固，使其足以抵御百年一遇的洪水。这些工程使“圣路易斯精神号”机场获得申请联邦拨款的资格，减轻了当地企业购买洪水保险的压力（通常来说，居住在堤坝内洪泛区的所有居民都必须购买洪水保险）。“我们认为这座堤坝建得足够高，”

当地一位名叫梅尔文·菲克（Melwin Fick）的农民对《圣路易斯邮报》（*St. Louis Post-Dispatch*）表示，“它在1973年和1986年的洪灾中表现非常好。”在那段时间，密西西比河爆发创纪录的洪水。

但在1993年，肆虐的风暴使密西西比河水位暴涨，竟超过1973年历史最高值6英尺。洪水冲垮700英尺宽的防洪堤，整个机场被淹没在洪水之下；无法准时起飞的飞机被冲到树上；500多家企业（包括工业园内的企业）遭到洪灾袭击，相邻地区监狱中的450名服刑人员被迫转移至其他监狱。

卡洛琳·考斯基（Carolyn Kousky）那时还是圣路易斯地区的一个小女孩。她依然记得，1993年的一天，她正和家人一起驱车前往市中心观看上涨的洪水。如今，考斯基已经是未来资源研究所（Resources for the Future）的一名经济学家。这家研究所是一个致力于环境与资源研究的智库。

2008年，考斯基来到切斯特菲尔德，查找当地在1993年洪灾后所采取的应对措施。她发现，那次洪灾后，切斯特菲尔德在防洪方面的投入增加一倍，联邦政府帮助该镇重建堤坝，同时将地方防洪等级提高至500年一遇的标准。接下来10年，这个山谷中的开发面积达到600万平方英尺，比原来的面积大一倍，其中有全美国最长的带状商业区。这个防洪系统的设计师认为这是一种良性循环——更多的堤坝带来更多的开发，而更多的开发又会鼓励人们兴建更多的堤坝。

考斯基对此表示怀疑，她不太确定这是否可以被称为良性循环。在 1993 年，70% 的承压堤坝没能挡住奔涌的洪水，极端事件甚至导致洪水漫堤。事实上，堤坝根本无法让人们摆脱洪水的威胁。就像金融衍生产品只是把金融风险转嫁给其他人，堤坝也不过是把洪水引至其他地方。1993 年，圣路易斯的防洪设施发挥了作用，洪水因此流向相邻地区。切斯特菲尔德加高堤坝的做法，提高了下一次相邻地区发生洪水时的水位。考斯基表示，最后的结果就是持续的“堤坝建设大战”，一个地方加高堤坝，其他地方就不得不修建更高的堤坝。

许多其他国家也出现了堤防效应。几个世纪以来，这些国家一直在学习如何在危险环境中生存。“海啸”（Tsunami）一词最早出现在 17 世纪初的日本。

1896 年，这个词通过“永生神”的故事传入一些说英语的国家。故事讲述的是一个乡村首领如何拯救自己的村子，让村子躲过巨浪的侵袭。这个故事反映出日本人一种根深蒂固的心态：生活在一个自然灾害多发的国家，需要通过充分的预防措施来保护自己。第二次世界大战结束后，日本政府着手修建一项庞大的工程——沿着日本东海岸建筑防波堤，以保护日本的核心工业地带不受海啸袭击。最终，日本三分之一的海岸都处于防波堤或其他防洪设施的保护之下。

因此，临水而居的日本市民都感觉很安全。有了防波堤的保护，日本的企业也信心十足地在沿海地区修建了福岛第一和第二核电站。按照最初设计，它们可以抵御 10 英尺高的海啸，这正是 1960 年智利近海地震引发的海啸规模。

然而，早在 1000 年前，地球就曾发生过强度更大的地震和海啸。最终，这个核电站也没有躲过 2011 年的日本东北大地震。33 英尺高巨浪席卷多个城镇，淹没保护电站的防波堤，造成低洼地区的柴油发电机停摆（这些发电机负责在反应堆冷却系统停机时，为其持续供电）。

一个更加极端的案例发生在多灾多难的荷兰。

> 荷兰农民于12世纪开始在北海围海造田，并在田地周围筑堤。多年来，荷兰人建造了许多结构复杂并且十分坚固的堤坝。今天，60%的荷兰国土都在海平面以下，并且经常受到北海或莱茵河、默兹河、斯凯尔特河以及它们支流洪水的侵袭。
>
> 1953年，北海地区的一场春季大潮和一场强烈风暴冲垮大堤，淹没荷兰9%的农田，夺走1800人的生命。作为对这场灾难的回应，荷兰启动一项持续数十年之久的“三角洲工程”，对河口进行整治，使其免受风暴潮的侵袭，同时加固和加高原有堤坝。与这些防护措施相呼应的是，从阿姆斯特丹到鹿特丹的广袤地区，成为荷兰高度工业化的地带。时至今日，荷兰大部分经济产出都来自这片地区。

几年前，我与阿卡迪斯公司的皮特·迪克（Piet Dircke）一同前往鹿特丹周边的开拓地参观。阿卡迪斯是荷兰一家致力于水资源管理的工程公司。迪克告诉我说：“荷兰北部和南部更加安全，但经济吸引力不强。荷兰人正在不断地向经济增长迅速的西部地区迁移。”他为我描述了这些堤坝垮塌的严峻后果：荷兰一半的国土变成汪洋；重要的史基浦国际机场及荷兰女王的皇宫都被淹没在海面六七米之下。“那时，我们不得不重建整个国家。”迪克如此说道。

包括荷兰在内，没有国家打算放弃沿海地区，这让人类陷入国困境之中：经济越发展，灾后损失越大，二者关系如何协调？纯市场的解决办法是，强制那些居住在危险地区的人承担灾后损失。如果他们不愿出钱，就自己承担后果或者搬离危险地区。比如，在发生灾害时取消这些人的政府补贴，或者向他们收取保险金来支付重建的费用。

然而事实是，政府出台了很多激励民众居住到危险地区的政策。美国政府投入数十亿美元委托陆军工程兵团修建和维护大坝、防波堤以及其他防洪设施。联邦政府发布灾害声明的次数一直在稳步上升，大量资金用在受灾地区的灾后重建上，占到灾后清理费用的 75% ～ 100%。从政治方面考虑，这些钱不得不花。新泽西州州长、共和党人克里斯·克里斯蒂（Chris Christie）高度评价飓风“桑迪”过后联邦政府的响应速度，以此为奥巴马连任造势。与此同时，他还使用“可耻”和“可恶”等词严厉斥责国会中的共和党领导人。他们拖了几个月才通过提案，为受灾地区追加援助资金。

一直以来，联邦洪水保险计划向洪泛区居民收取的保费，长期低于同等风险下居民所应支付的保费标准。出于某些政治原因，佛罗里达等州禁止保险公司按照真实反映该地区洪灾风险的标准向房屋业主收取保费。

这种做法不仅掩盖当地居民承担的真实风险，也将许多保险公司驱逐出该州市场。再保险基金成为该地遭遇洪灾后唯一的救助资金来源，纳税人可能因此承担数十亿美元的索赔。2012 年，国会要求居住在洪泛区的房屋所有人按照更高费率向联邦洪水保险缴纳保费，但由于遭到强烈抵制，该计划几年后就被搁置。

为保护丛林附近的居民，联邦和州立林业管理部门在灭火行动中投入大量资金。从宏观角度来说，这些预防举措遭遇典型的市场失灵。正如沙丘、红树林沼泽等天然防风屏障能为每个人提供保护，但我们很难给这些好处定价。相反，若建造高楼大厦和酒店公寓，将完美海景尽收眼底，我们就能获得丰厚的经济回报。

不过，即便没有政府补助和保险，人们仍会选择居住在洪水、地震和其他自然灾害可能爆发的地区。原因在于他们并不认为自己需要这种保护。这是一种理性的选择，即便俄克拉荷马州地处龙卷风带上，当地大多数居民也从未经历过龙卷风袭击。因此，很难说服他们为抵御龙卷风而花钱修建一个地下室。无灾害的时间越长，当地居民就越会忽视灾难爆发的可能性。

沃顿商学院的风险专家霍华德·昆鲁斯（Howard Kunreuther）将这种现象称为“灾难短视”（Disaster Myopia）。他的同事罗伯特·梅尔（Robert Meyer）还记录了一个非常引人关注的案例。

> 1969 年，“卡米拉”飓风席卷墨西哥湾，袭击密西西比州的帕斯克里斯琴度假小镇，造成黎塞留公寓大楼倒塌，至少 8 人遇难。此后，这块地方一直空置，直到一个开发商在此建造一座购物中心，但它又在 2005 年被“卡特里娜”飓风摧毁。短短几年后，各种新的公寓大楼在该购物中心附近几个街区里再次涌现出来。
>
> 我曾这样问过帕斯克里斯琴的镇长：“为何人们愿意在两次被飓风摧毁的地方重建家园？”他回答道：“灾难不会年年都有，同样，谁也无法保证明天是不是世界末日。加利福尼亚可能会发生地震，东部地区经常有暴风雪，难道人们就不住在那了？你说说看，哪里才是真正安全的地方？生活就是一次冒险。”

镇长的回答说明，人们之所以选择灾害高发区居住，背后有十分强大的经济逻辑，自然灾害与经济发展的螺旋互动关系很难被打破。自古以来，人们一直临水而居，因为岸边的土地肥沃多产。河流、海岸和天然港口还能促进贸易和商业的发展，为纽约、阿姆斯特丹和伦敦等城市的发展提供地理上的支持。

荷兰曾是世界第一经济强国，它的主要城市靠近大西洋，因此荷兰与纽约、雅加达等大洋沿岸城市开展贸易十分便利。从地球板块构造来看，地震高发的地区更容易形成天然良港，例如，旧金山的海滨区就建在 1906 年地震留下的废墟上。

20 世纪以来，为方便航海和贸易而选择临水而居的必要性有所降低，但经济和美学等因素仍然具有很强的推动力。海洋生物学家华莱士·J. 尼克尔斯（Wallace J. Nichols）甚至认为，住在水边会让人感觉更加幸福和平静。

这让我们确信，不仅是在美国，全世界范围内都会出现更多、造成更大损失的“桑迪”。据世界银行估计，到 2050 年，生活在热带气旋影响下的大都市人口将从 2000 年的 3.1 亿增至 6.8 亿，占世界总人口的比例将从 11% 升至 16%。经济增长、城市化和不断上升的海平面，也将增加灾难带来的经济损失。2005 年，10 个因全球海岸洪灾导致最严重经济损失的城市全部来自发达国家，排在前 5 位的分别是迈阿密、纽约、新奥尔良、阪神和东京。这 10 个城市占全球 GDP 中的比重高达 5%。到 21 世纪 70 年代，广州、加尔各答、上海、孟买、天津、香港和曼谷也将进入这一行列，那时这些城市的 GDP 将占全球的 9%。

尽管城市很容易成为飓风或恐怖分子的目标，人们还是愿意生活在那里。城市在大部分时间里都能带给人们足够的安全感。当大量人口聚居在同一地方时，他们可以受到更有效的保护，这就是人们建造城市的重要原因之一。

历史学家刘易斯·芒福德（Lewis Mumford）在有关欧洲城市起源的著作中写道：“5 个世纪以来，暴力、麻痹和不确定，让欧洲腹地的人们燃起对安全感的深切渴望。这种纯粹的渴望让人们发现一个重要的事实……哪怕对于较为无助的低地居民来说，如果能在村庄周围建起一道木栅栏或者一圈石墙，他们就好像住在坚固的要塞中一样，安全感得到大幅提升。”

与城市相比，发生在农村的自然灾害更加致命，因为偏远地区的交通不便，救援人员总是很难及时抵达受灾地点。此外，农村居民的生计问题堪忧。在印度，受到极端高温天气的影响，因农作物歉收而死亡的农村人口远多于城市人口。

阿巴吉特·班纳吉（Abhijit Banerjee）和埃斯特·迪弗洛（Esther Duflo）是两位著名的贫困问题专家。2009 年，他们与《纽约时报》的记者索密妮·森古伯塔（Somini Sengupta）一道前往印度农村地区，调查全球金融危机后德里工程量的减少对农民工生活的影响。让他们感到意外的是，这些农民工和他们的家人都非常乐观。

后来，两位经济学家在他们合著的《贫穷的本质》（*Poor Economics*）一书中写道："这里依然还有工作机会，这些工作的薪水比他们在农村劳作一天的收入还要多一倍。与他们在农村所要承受的痛苦（长期没有活儿干的焦虑、对雨水漫长的等待）相比，建筑农民工的生活似乎更有吸引力。"

吸引印度农民进城谋生的经济逻辑，也适用于发达国家受过良好教育的专业人士。**城市创造的大部分价值都来自网络效应，即工人、管理者和专业人士，在生活、工作以及与他人互动中提高的生产力，这使一个城市所具有的经济实力很难被替代。**一项研究针对石器时代到现代社会的日本城市，其发现这些城市所固有的区位优势以及人口密度所带来的收益递增，赋予它们持久繁荣的强大能力。

二战时期，盟军的联合轰炸摧毁 66 个目标城市一半以上的建筑。虽然广岛和长崎的原子弹爆炸最为人所知，但一次针对东京的袭击就将这座城市变成人间炼狱，8 万多人丧生，比英国在整个二战期间损失的人口还多。然而，在二战结束后的 15 年内，大部分遭到轰炸的城市都恢复到战前规模，长崎和广岛的人口分别在 1955 年和 1975 年时达到战前水平。

组约人“自讨苦吃”

将 1609 年的下曼哈顿区和现在的同一地区进行对比，想必你会首先注意到，今天的下曼哈顿比那时候大很多。从世贸中心到南街海港，这些沿海岸修建的建筑大部分都矗立在过去 400 年填海所形成的陆地上，而被“桑迪”淹没的地区恰恰就是纽约围海造陆的地方。从某种意义上说，自建市以来，纽约人一直都在自讨苦吃，但这似乎一点也没有妨碍纽约的发展。

实际上，你可能也会得出完全相反的结论。年复一年，纽约人在飓风经过的路径上建起了更多的基础设施。根据荷兰水问题专家杰隆·阿兹（Jeroen Aerts）和沃特·波慈恩（Wouter Botzen）在 20 世纪所作的估算，100 多年来，纽约市洪水受灾区内的建筑价值从不到 10 亿美元涨至 180 亿美元（按照 2009 年定值美元计算）。如今，众多的隧道入口、两座空港和 3 座直升机场的部分区域，还有 12% 的城市道路都处于洪水区的范围内。未来几年内，不断上涨的海平面就能让洪水区范围继续扩大。

飓风“桑迪”过后，时任纽约市长的迈克尔·布隆伯格要求当时经济发展部门的负责人塞斯·平斯基（Seth Pinsky）主导一项研究，以决定如何在纽约有效预防洪水袭击。气候变化显然是开展这项研究的推动因素之一，但平斯基后来告诉我，即便不考虑气候变化，纽约在洪水面前也极其脆弱。

平斯基的团队曾考虑模仿鹿特丹、伦敦和圣彼得堡的做法，建造规模庞大的可移动防洪堤，但后来又选择放弃，因为工程造价过于昂贵。杰隆·阿兹估计，修建 4 座分别位于亚瑟水道、韦拉札诺海峡、东河和牙买加湾上的堤坝将花费 170 亿美元，而且即使这些堤坝建成，也不能保证纽约万无一失。此外，被大坝拦住的洪水必定流向他处，让不受堤坝保护的地区遭受更加严重的损失。为了保护这些地区，有关部门还需投入 120 亿美元，但即使这样还是存在一些保护不到的地方。在防洪堤建成前，各个利益方将不可避免发生各种争吵，而在长达 30 年的建设期内，纽约也会一直受到洪水威胁。

人们从未打算放弃滨海地区，正是临海的地理优势让纽约和其他沿海城市变得高效而富有。

2002 年，纽约市长布隆伯格曾将滨海地区描述成纽约的“第六区”。他计划通过建造公园、自行车道、多功能住宅和写字楼，在纽约市民与海滨地区之间重新建立联系。从那时起，一栋栋公寓楼在海岸附近的布鲁克林区和皇后区拔地而起，囊括众多公园、游乐场和运动场的布鲁克林大桥园区出现在布鲁克林的大桥下，一座融合公园、广场和商铺的新型社区——哈德逊园区在曼哈顿以西建成，皇后区的工业用地也将被改造成一座集娱乐、零售和居住等功能于一体的综合建筑。

如果这座城市为防范洪水而放弃大块开发空间，它的未来生产力将受到严重损害。对于将底楼用作零售、餐饮和其他公共空间的社区来说，增加建筑高度或者将底楼改造成车库会破坏社区的氛围和结构。

平斯基需要考虑的是大范围威胁——洪水、暴风和高温。他想弄清楚，如何让这座城市更能抵御灾难的侵袭。他对我说：“不论我们的防御措施做得多好，大自然仍能不时将它们击溃。我们必须把这座城市变得更加强大，让它在付出更小代价的同时，迅速作出反击。”为此，纽约打算采取一些新措施：恢复一些社区的海滩和沙丘，让它们充当天然防洪堤；增强一些建筑的防洪能力，将建筑的电力系统和机械系统从地下转移到地面上层；当地铁被洪水淹没时，增加公交和自行车的行驶线路。

全球各地城市最终得出同样的结论：与其建造更高的堤坝来防御洪水，还不如对它们进行疏导，同时尽量减少损失。许多城市买下河岸边的房屋和商铺，并将这些地方改造成公共绿地，让洪水通过。荷兰的“还地于河”（Room for the River）项目便是其中最具雄心的计划之一。

该项目计划退还部分圩田，或将居民迁移到高地居住。当洪水来袭时，原来的洪泛区就能起到蓄洪作用，从而挽救下游城市。人们在鹿特丹的停车场下方修建大型储罐用于存储洪水，并把城市公园的设计规模扩大两倍，用作洪涝时的集水区。另外，该市正在进行一项实验，计划将房屋甚至整个社区都修建在大型泡沫浮筒上，让建筑随海平面的升降而起伏变化。

毫无疑问，这些项目需要巨大投入，但考虑到它们要保护的对象，这个造价就算不上昂贵。平斯基指出，灾害导致的潜在损失与城市基础设施的价值成正比。20 世纪 70 年代，由于基础设施恶化，人口不断流失，纽约遭遇经济下滑。“那些没有离开的人饱尝痛苦，但随着时间流逝，这种痛苦造成的影响越来越小。将总部设在纽约的企业越来越少，这里的经济活动也越来越少，整座城市进入自我强化的过程。”

因此，尽管平斯基的计划要花费 200 亿美元，但这与纽约每年 1.4 万亿美元的 GDP 相比不值一提。迈阿密的房地产繁荣让人难以理解，因为这座城市无法应对海平面上升，但沃顿商学院的罗伯特·迈耶（Robert Meyer）认为，这种现象背后存在合理之处，因为房地产开发能够增加城市财富，从而提高城市应对灾害的能力。

2001 年 9 月 11 日，恐怖袭击不期而至，当时纽约的复兴计划正在顺利进行中。那时平斯基还是企业律师，他的办公室在世贸中心对面的街区，不过那天他正好在华盛顿。当他在同事家里的电视前收看恐怖袭击的报道时，有人想起那天是他的生日，就拿出一个插有一根蜡烛的蛋糕。

这场袭击让平斯基下定决心从公司辞职，投身公共领域，为这座城市服务。许多人和平斯基一样，从未想过要离开纽约到别处生活。假如你在2000年时预测到，在接下来12年中，纽约将会遭遇一次恐怖袭击，这次袭击将导致3000人丧生，并摧毁纽约最高的摩天大楼，此外，某些华尔街最具实力的公司将在一场金融危机中破产，然后是一次飓风，它所引发的洪水将淹没城市大部分地区，那么你认为，这座城市的人口会发生什么变化呢？

你很可能不会想到，12年后，这座城市的人口增长5%，也就是近40万人。尽管遭遇这么多灾难，大量人口还是源源不断涌入纽约，这充分说明纽约具有非凡的经济吸引力。过去20年，纽约的财富来源正从有形资本转向智力资本。纽约提供的人际纽带和近邻关系推动智力资本和创新能力在技术、软件和影视制作等领域繁荣发展。

未来某一天，纽约很可能会遭遇另一个“桑迪”袭击。如果那时纽约遭受的损失更大，那不是因为纽约衰落了，而是它成功地让更多居住此地的人感到安全，并让他们有足够的时间，把这座城市建设得更繁荣。

FOOLPROOF

why safety can be dangerous and how danger makes us safe

第7章

恐惧是柄“双刃剑”

创业的代价

在前面的章节中我们了解到，要真正得到安全并不容易，对安全感的过度追求往往会增加灾难发生的概率。在本书余下内容中，我将与大家一起探讨如何在安全与灾难之间实现平衡。

首先，我们必须了解，我们希望这个世界安全到何种程度。这个问题听来似乎很可笑，当然是越安全越好，但如果在试图让自己更加安全的时候，却发现实际情况变得更糟糕呢？

为了回答这个问题，我们必须探究一下恐惧和风险的作用。恐惧是人类生存必不可少的一种心理状态。我们避开悬崖、摆脱恶狗、在夜间锁门，都是恐惧使然。不过，每个人对恐惧的感受不同。有些人一辈子都不敢系上弹力绳去玩蹦极，或者为了拍摄一张狮子的照片而走下越野车，又或者将人寿保险兑现去开一家餐馆；同时，还有些人深信，倒霉事只会发生在其他人身上。在这些喜欢冒险的人当中，有很多人付出高昂代价，要么摔断脖子，要么倾家荡产。

1997 年，神经科学家安东尼奥·达马西奥（Antonio Damasio）在爱荷华大学主导的一项实验证明，这种差别出现的原因至少部分出自先天。实验前，达马西奥列出一份前额叶皮质损伤（前额叶皮质联系大脑负责决策和情绪控制的部分）患者的名单。通过这个实验，达马西奥想探索出情绪能否帮助人类更好决策。他与同事设定两个小组，第一组由 10 位大脑没有损伤的参与者组成，第二组是从他的患者名单中选出的 6 位前额叶皮质损伤患者。他们分给每位参与者 2000 美元假币，用来玩一个游戏——从 4 副牌中选出一些纸牌。在两副“坏”牌中，每翻一张纸牌可以赚 100 美元，但某些纸牌会让玩家受重罚，出现净亏损；而在两副“好”牌中抽牌时，玩家得到的回报较少，损失也不大，最终可能给玩家带来净收益。

参与游戏的玩家无法知道牌组的好坏。不过一段时间后，大脑无损伤的玩家组察觉到那两副“坏”牌不太对劲，身体开始出现各种焦虑症状（研究人员可以通过皮肤传感器发现这些症状）。这些玩家选择停止从这两副牌中抽取纸牌。而大脑有损伤的患者却不这样。即使他们意识到“坏”牌存在，也会继续从“坏”牌中抽取纸牌，直至亏损。

该实验证明，人类情绪（或者情绪缺失）与冒险行为之间存在明显联系。对于拥有健康大脑的人，危机感会自动触发其情绪反应，使人免于自我伤害。如果这种机制受损，人们就会做出冒险行为，让自己陷入危险境地，但在阅读实验结果后，卡内基梅隆大学的经济学家乔治·勒文施泰因（同样致力于情绪与行为的研究）表达了不同看法。勒文施泰因知道情绪会引发恐惧，而恐惧会干扰冒险行为，但他不确定这是不是好事。在 2001 年秋天，他与这项研究的发起者进行交流，并和他们一起设计另一个实验。

这一次，实验人员找来 15 名大脑受损的患者和 19 名大脑健康的参与者，一起玩掷硬币的游戏。每个参与者有 20 美元的假币和两次选择机会：要么不带任何附加条件获得一美元，要么玩一局掷硬币游戏。如果选择玩游戏并掷出正面，参与者什么也得不到；如果掷出反面，参与者将获得 2.5 美元。所以，玩这个游戏的预期收益是 1.25 美元，不玩游戏的预期收益是 1 美元。平均来看，玩游戏会多赚 25 美分。

实验发现，大脑情绪中心无任何损伤的参与者，会做出更为保守的选择。他们在第一次掷硬币输钱后，只有 40% 的人选择继续玩游戏；而在大脑有损伤的患者中，选择再玩一次游戏的人高达 85%。游戏结束后，大脑有损伤患者的平均收益为 25.7 美元，健康参与者的平均收益为 22.8 美元。

两次实验的结论是，恐惧就像一把“双刃剑”——它让我们远离愚蠢的冒险，也让我们错失致富的良机。这是一个两难问题。区分冒险和机会有时很容易，但在大多数时候，两者区别并不明显。

举例来说，大多数新兴企业都撑不过 5 年。在冷静评估风险之后，大多数人都会选择去大公司工作，而不是自己创业，但还是有人会选择创业，这在一定程度上是本性使然。

在一次实验中，休斯敦大学的洛厄尔·布森尼兹（Lowell Busenitz）和俄亥俄州立大学的杰伊·巴尼（Jay Barney）对 124 名企业家和 95 名经理进行测试。结果发现，企业家更容易因为过度自信而遭遇困境。当被问到一系列问题，诸如是否更多美国人被癌症或心脏病夺去生命时，企业家对其答案的自信远远高于经理。

成功的秘诀并不是在犯错时还坚持己见，那只会将人变成嗜赌狂徒、危驾司机，或十足的蠢蛋。不过，这或许是企业家必备的素质。我们在前面谈到，人们宁愿承担损失也要逃避不确定性，但不确定性在新创企业中普遍存在：我们的产品会成功吗？会有客户光顾吗？员工能顶事吗（会辞职吗）？正如这项研究的发起者指出的那样，自信能够帮助企业家抵御这种不确定性，说服其他利益相关者（员工、投资者、供应商和客户）加入进来。

每年有数百万家企业诞生，其中大部分以失败告终。整体经济不断增长，得益于幸存企业的巨大成功。它们能弥补失败者造成的损失。创业失败可能给个人带来痛苦，宏观上却对社会有利。除公司股东及员工外，一家新创企业（甚至老牌企业）的倒闭，几乎不会伤害到其他人，而一家成功企业所提供的产品和创新会让所有人受益。

不过，如果冒险行为达到影响整个国家的程度，就要另当别论，这也是区分普通失败案例和系统性危机的标准。系统性危机会导致众多大企业破产，国家整体经济下滑。好的金融制度会培育出良性风险，并允许破产事件偶尔出现，但它不容许风险行为失控，因为那将带来系统性危机（例如 2008 年美国金融危机），但我必须再次强调，这些道理说起来容易，做起来难。和个人一样，国家也很难区别风险与机会。

墨西哥经济学家亚伦·托内尔（Aaron Tornell）亲身经历过这样的困境。1989 年，托内尔决定为自己昔日的老师，时任墨西哥财政部长的佩德罗·阿斯佩（Pedro Aspe）效力。当时，墨西哥政府已决意改革僵化保守、缺乏活力的墨西哥经济。两年中，托内尔负责墨西哥煤炭和钢铁行业的私有化，在这两个行业中，充斥着很多低效的大型国有企业。在这次改革的 10 年前，大多数墨西哥国有银行已开始私有化，利率上限被取消，各银行为吸引存款而展开竞争，同时，它们不必再保留一定数量的无息短期国债作为银行资产。

墨西哥债务（主要是外币债务）的大幅增加，导致 1994 年末爆发金融危机。许多银行濒临破产，银行收回借款人的逾期贷款也变得更加困难。在此情况下，墨西哥政府通过发行国债交换银行的不良贷款。此后，面向私营企业的贷款急剧萎缩。尽管 1994 年比索大幅贬值促进墨西哥的出口，使墨西哥经济保持几年的强劲增长，但那些严重依赖银行贷款的中小型企业依然饱受痛苦。不过，墨西哥没有再次爆发经济危机。

这次经历引发托内尔的思考：强劲增长与系统性危机是否相伴而生？他与巴黎经济学院的罗曼·洪席耶（Romain Rancière）、德国奥斯纳布吕克大学的弗兰克·韦斯特曼（Frank Westermann）就这一问题进行了深入研究。他们对比了印度和泰国在1980—2002年的情况。直到今天，印度依然还是一个经济管控较多的国家：企业的一切活动几乎都要获得授权、接受管制；外国投资也受到严格管控，许多领域都禁止外资进入；银行大多为国家所有，政府严格控制着银行的存贷款利率；银行向政府提供优惠贷款，而某些特定行业（如农业和小型企业）的贷款则接受配额制约。这样一来，虽然国家保持稳定运行，经济却增长缓慢。

相反，一直以来泰国都对外商投资敞开大门。在外资帮助下，泰国成为一个重要的汽车与电子制造产业中心。泰国银行大多为私有，政府强制要求它们向农业和小企业提供一定的信贷额度（大多为无息贷款）。同时，这些银行未受到特殊的严格监管。20世纪80年代初，几十家管理不善的金融公司和银行陷入困境。泰国央行为此推出一项特别的“救生艇”计划，向21家经营困难的金融公司和银行提供优惠贷款；同时，央行还对这些机构的存款人展开救助。这些举措给公众留下一种印象：如果今后再出现类似情况，政府还会出手救助。

在这一系列政策的刺激下，泰国经济迅速增长，借贷规模大幅增加，最终招致一场灾难性的金融危机。我们从第5章了解到，泰国银行从国外获得大量外币借款，同时向国内发放泰铢贷款。1997年，泰国宣布泰铢贬值时，许多泰国银行面临破产，不得不大幅削减信贷供应，从而使泰国经济陷入深度衰退。

不过，尽管爆发金融危机，危机结束时泰国的情况远远好于印度：泰国人均GDP增长162%，而印度仅增长114%（见图7.1）。

托内尔和他的同行们并不是认为危机有利于经济增长，而是发现能够促进增长的政策，也有可能引发金融危机。更具体地说，泰国在20世纪八九十年代实行的金融自由化改革促成大量低成本借贷，刺激了投资热潮。

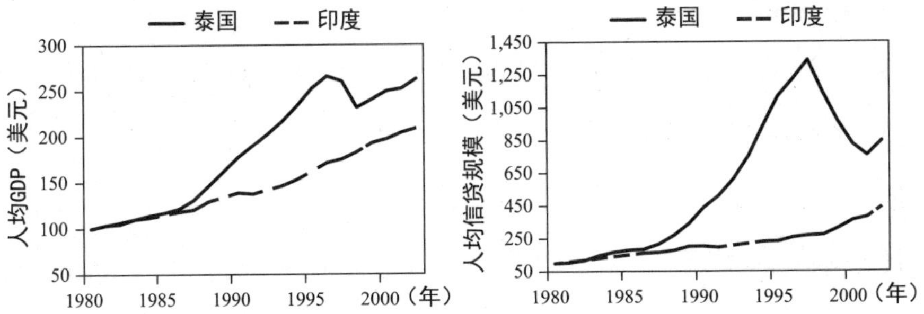

图 7.1 泰国和印度的人均 GDP 和信贷规模对比

资料来源：《经济学季刊》123，第 1 期（2008）

紧急救助措施（例如泰国在 20 世纪 80 年代初推出的救市政策）绝非完全负面。正像这些研究者指出的那样，那些预期政府将在危机中出手救市的放款人，会给予借款者更优惠的利率，从而刺激投资。他们认为，救市应被视为寄往纳税人的账单，其目的是利用宽松信贷促进经济增长。他们没说救市和危机都是好事，而是指出有些时候，用危机和紧随其后的救市来换取宽松的信贷环境很值得。

请注意，这里说的是“有些时候”。具体如何取舍，取决于金融管制的后果以及金融危机爆发后的损失程度。例如，在许多新兴国家，快速借贷被抑制，因为法律的规定使债权人很难在借款人违约后收回贷款。这种情况下，投资热潮与救市有助于克服信贷障碍。如果这种障碍一开始就不存在，投资热潮也就不起作用。

核能谬误

灾难或危机带来的痛苦让人们觉得，只要能够避免它们的降临，付出任何代价都很合理。然而复杂系统的本质决定，如果某一领域的冒险行为受到抑制，它们就可能转移到其他领域，并造成更大损失。

为了避免核灾难，人类社会一直回避核能开发，间接导致成千上万人死于其他类型的污染。为了应对舆论压力，杜绝1979年“三里岛核事故”（Three Mile Island）[①]的类似意外，监管部门和政客对核电站建设和运营提出前所未有的苛刻要求。20世纪70年代初，建造一座核电站的成本约为1700万美元，到80年代末，建造成本飙升至50亿美元。这些增加的费用仅有一小部分来自设备成本，其他大部分都浪费在等待上。现在由于审批过程十分漫长，建造一座核电站的时间跨度达数十年之久。这些成本对于核电站建设的抑制作用已得到证明。目前，在建的核电站项目寥寥无几。福岛核事故使日本取消所有核电站项目，并刺激德国加快淘汰核能的步伐。2011年，瑞士国会投票通过，不再继续推进3座核反应堆项目，所有运营中的核电站在达到使用寿命后也会关闭。

不管核灾难离人们有多遥远，核能面临的监管压力和2011年日本在核事故后颁布的严厉措施，都直接加剧公众对核灾难的恐惧心理。

如图7.2所示，心理学家保罗·斯洛维奇（Paul Slovic）用一个双周坐标图来表现人们的风险感受水平。在纵轴上，人们对一项技术了解越少，感受到的风险就越高；在横轴上，人们的恐惧心理越严重，感受到的风险就越高。斯洛维奇认为，恐惧程度与“灾难性、致命性和不可控”的事件和技术有关。左下象限区域都是人们熟悉的事物，如动力割草机、家庭游泳池和高山滑雪，而未知的风险位于右上象限区域。核反应堆事故处在最右端，说明人们从中感知到的风险远远高于矿物燃料和水力发电。

恐惧心理与灾难的潜在后果相关。瑞士保罗·谢勒研究所的彼得·布尔格（Peter Burgherr）和斯特凡·希尔施贝格（Stefan Hirschberg）对各种能源进行过一次全面调查。结果显示，到目前为止，

① 1979年3月28日，美国宾夕法尼亚州的三里岛核电站发生部分熔毁事故。根据美国核能管理委员会的报告，三里岛核事故泄漏的放射性物质较少，并没有对核电站工人或者公众的健康造成可探测的影响。——译者注

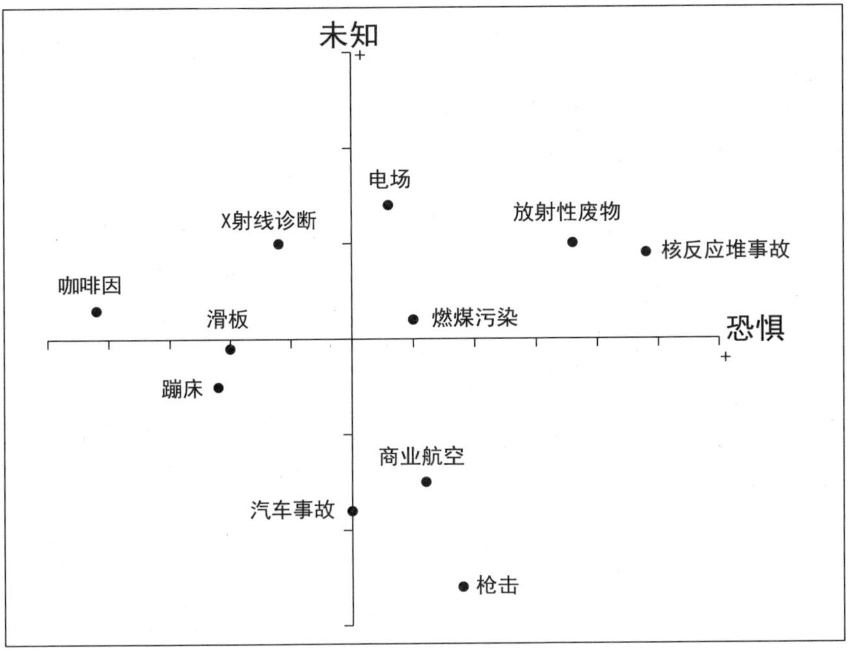

图 7.2　人们对一种活动了解得越少，为此产生的恐惧心理越强

资料来源：保罗·斯洛维奇

核能的危险等级最高，紧随其后的是水能（当人们居住在水坝下游时），煤炭、石油和天然气的危险等级较低，而最安全的能源是风能等可再生能源。

然而，值得注意的是，核事故极其罕见。而油轮沉没、天然气管道爆炸、煤矿坍塌和大坝溃口都会对事故周围的房屋造成影响。1970—2008 年，在经济合作与发展组织的 34 个富裕成员国发生的事故，造成大量人员伤亡，其中煤矿事故死亡 2000 多人、漏油事故死亡 3000 多人、天然气事故死亡 1000 多人，还有水电事故死亡 14 人。在此期间，因核事故致死的人数是零（三里岛核事故未造成人员死亡）。瑞士研究人员据此得出结论，按照每年每千兆瓦的死亡率计算，人类迄今为止发现的最安全、事故率最少的能源（一旦发生事故，就会导致大量人员伤亡）是核能。

福岛核泄漏发生后，核电站本身并未造成直接伤亡。我们再来看近年常规能源事故所导致的死亡数据：2010年，墨西哥湾“深水地平线”钻井平台爆炸事故死亡11人；同年，美国大支坑（Big Branch）煤矿爆炸造成21名矿工遇难，在加州圣布鲁诺市天然气管道爆炸事故中8人丧生；还是在2010年，康涅狄格州米德尔敦市燃气发电厂爆炸，6人葬身火海；2013年，在加拿大魁北克省的梅干提克湖镇，一列运送装有原油的油罐列车发生撞车事故，导致这个镇子被大火吞没。

这些只是灾难直接导致的死亡人数，而被灾难的间接影响夺去生命的人更多，例如污染或辐射。斯坦福大学的学者认为，在福岛核事故中，有130人因核泄漏致癌去世，这个数字是他们在15～1300这个范围内，做出的乐观估计。而根据另一项估测，切尔诺贝利核事故导致的最终死亡人数高达4000人；尽管自2006年以来，仅有47人被最终认定死于这起事故的核辐射。然而，与每年因燃烧木材、煤炭和天然气造成的大气污染所导致的死亡人数相比，以上数字都不值一提。仅在美国，因大气污染致死的人数就超过7000，在全球可能高达数百万。

三里岛核事故发生后，美国监管部门严厉打击核电站违反安全规范的行为。1985年，为美国南部地区提供电力服务的田纳西河流域管理局（Tennessee Valley Authority, TVA）暂时关闭几座核反应堆。卡内基梅隆大学的艾德森·塞弗尼尼（Edson Severnini）发现，由于反应堆的暂时关闭，TVA运营的火力发电站的发电量不断提高。这些火力发电站所在的地区因而遭受更严重的污染，当地新生婴儿的体重也有所下降。

前美国宇航局科学家詹姆斯·E.汉森（James E. Hansen）极力呼吁人们重视全球变暖。他的同事普希卡·A.拉恰(Pushker A. Kharecha）曾尝试量化核能与人类死亡率的关系。他们估测出，在

1971—2009 年，由于煤炭和天然气被核能代替，空气污染致死的人数减少 184 万。在德国，这一数字是 11.7 万。针对如果继续使用核能可以挽救多少人生命这一问题，他们的回答是：2010—2050 年，如果用核能取代天然气，将有 42 万 ~ 60 万人得救；如果用核能取代煤炭，得救人数将增至 440 万 ~ 700 万。这些数字并未反映气候变化所造成的海啸、洪水、干旱和饥荒等其他灾害损失。如果没有核能，要把碳排放量控制在普遍认定的安全水平将更加困难。因此，日本、德国和瑞士决定关停或逐步淘汰核能的做法，肯定会有使上千人死于污染和气候变暖的负面影响。

评判这一决定是否合理，取决于人们认为哪个更重要——特定能源技术可能导致的最大死亡人数，还是实际可能死亡的人数。事实上，现代化的核反应堆发生堆芯熔化的可能性非常小。一项研究推测，瑞士现存核电站每过 100 万年，才会发生一次超过 2000 人死亡的核事故。当然，最大死亡率可能会更高，这取决于反应堆的类型和位置。因此，当一个国家决定防止严重的灾难性事故时，很自然会想到关闭核电站，但当我们根据不同能源技术的实际致死率来决策时，通常会优先选择核能。

布尔格认为：“对于后果严重的灾难性事故，非专业人士通常怀有敌意，但他们不明白的是，这些事件发生的概率极小。人们对这些事件的反感，主要来自信息不足。因此，人们的决策在很大程度上受到主观因素影响，而没有考虑可量化的风险指标等客观数据。”

瑞士决定放弃核能，这意味着该国必须找到替代核能的方法。从理论上看，地热能源具有巨大潜力，但悲观的钻探结果和地震影响了地热资源的开发。风能的开发潜力相对有限，而太阳能需要大量政府支持。“最后该国或许只能选择进口天然气，但人们不会特别喜欢这种做法。与其他新能源相比，天然气排放的二氧化碳更多。”布尔格评论道。

好泡沫，坏泡沫

在反思2008年全球金融危机时，我们一定不能忘记一些重要事情。金融危机过后，各国政府发誓不让类似危机重演，但真的有必要保证不再发生下一场危机吗？阻止下一场危机，就可以抑制冒险行为，避免人类财富大量缩水吗？如果下一场危机来临，人们对道德风险的恐惧，是否会阻止人们采取相应的救助措施？

以美国为例。过去20年里，美国曾出现过两次泡沫：第一次，纳斯达克科技股泡沫，它始于20世纪90年代中期，并在2000年达到高潮；第二次是，住房与抵押贷款泡沫，它在金融危机爆发时才被吹破。

人们将这两次泡沫的出现，归咎于美联储。美联储长期将利率维持在低水平，并且在金融系统一出现问题就立即出手干预。批评人士认为，如果每次市场暴跌时美联储都来救助，人们当然会用可笑的高价去购买资产。实际上，美联储应该戳破泡沫，这样才能防止更大危机的发生。

但是在两次泡沫出现时，美联储都没有这样做。

纳斯达克泡沫最终被证明并非坏事。当时，纳斯达克共有500多家上市企业，其中包括宠物在线（Pets.com，美国一家在线销售宠物用品的公司）和网范生鲜（Webvan，美国一家上市不满2年就宣告破产的生鲜杂货电商）等臭名昭著的公司，也有1997年上市的亚马逊。亚马逊对投资者有巨大的吸引力，但它一直在亏钱。亚马逊的经营策略主要是以超低价格销售图书，有时甚至不赚钱，这意味着亚马逊必须不断投入资金进行营销、推广和网站的基础建设。1998年，亚马逊不再通过股市融资，而是向投资者借钱，发行3.26亿美元的5年期债券。第二年，为吸引对互联网兴趣浓厚的投资者，亚马逊再次发行12.5亿美元的可转换债券。

2000 年夏天，雷曼的年轻分析师拉维·苏里亚（Ravi Suria）撰写了一篇观点鲜明的报告，报告指出：“亚马逊在高度竞争环境下，现金流为负，营运资本管理糟糕，财务状况呈现高负债趋势。”苏里亚认为，这家公司的现金即将耗尽，并可能出现债务违约。这篇报告使亚马逊的股价在一天内暴跌 20%。

苏里亚的分析很可靠，亚马逊能否生存下去取决于它向互联网投资者发放债券的能力。苏里亚警告称，亚马逊快破产了，除非它能“从魔法帽子里再揪出一只愿意融资的兔子”。通常来讲，这不是一家公司的生存之道，但在那个时代，这确实是一种可行的做法。第二年，虽然亚马逊还在亏钱，纳斯达克泡沫也在缩水，亚马逊还是成功发行 8.7 亿欧元可转换债券。实际上，亚马逊利用互联网泡沫的非理性繁荣成功存活了很长时间，并发展成一家互联网巨头。它不仅颠覆了零售业，还彻底改变了图书出版业和云计算领域。2004—2008 年，除了那些将债券转换为股票的投资者外，亚马逊偿清了全部借款，有些债务还是溢价偿还。

互联网股票是科技泡沫时期最耀眼的主角，另一个领域的投资者却遭遇大量亏损。电信行业的许多老牌企业和初创公司试图让投资者相信，该领域潜力巨大，铺设光纤网络将推动美国各个城市间以及几个大洲之间互联网通信的繁荣发展。环球电讯、威廉姆斯通讯和泰康等电信公司通过发行股票和债券筹集数十亿美元资金，为成本高昂的光纤铺设工程融资。如果只有几家公司参与这些工程，事情恐怕不会变得太糟，但融资热潮让这些公司铺设的光纤容量远远超过实际需求，造成光纤租赁价格大幅跳水。

蒂姆·斯特朗（Tim Stronge）负责为一家名叫电信地理（TeleGeography）的咨询公司搜集行业信息。他曾提出警告，光纤通信行业将出现产能过剩。1997—2001 年，仅纽约至伦敦之间的光纤容量就扩大了100倍，但一条传输速率为每秒155兆的光纤线路的月租金降低96%。

对于许多负债几十亿美元的通信公司来说，这样的价格无疑会毁灭他们。通信公司纷纷宣告破产。虽然光纤的投资者血本无归，过剩的光纤容量却带来一个意料之外的好处：便宜得离谱的带宽催生无数个新型商业模式，这在宽带受到限制时无法想象。

在互联网热潮的带动下，新兴市场的网络服务供应商通过租用廉价的光纤，就可以为客户提供全球互联网接入服务；廉价的带宽使云计算成为可能，企业无须自购价格昂贵的硬件设备，只要向数千英里外的数据处理中心租用存储空间，就能够获得无限的数据处理能力；全世界的脸书用户之间能够实时交流，也要得益于该公司签订的地下网络长期租赁协议。

这些网络绝大部分都由那些已经破产的公司架设。根据斯特朗的调查，它们包括63%的跨大西洋光纤容量、35%的跨太平洋光纤容量以及39%的美国与拉丁美洲之间的光纤容量。

房地产业出现泡沫的后果显然更加严重。科技泡沫的破裂并未造成太大危害，而房地产泡沫破裂却带来一场毁灭性灾难，其原因在于融资方式不同。大多数购买电信公司股票或债券的投资者使用的都是自有资金。他们没有进行杠杆融资，一旦股价跳水或债券违约，只是让这些投资者的财富缩水，不会造成整个金融系统的恐慌，引发连锁反应。而在房地产泡沫中，商业银行、投资银行、金融公司和各大基金借给购房者的房屋按揭贷款大部分都是通过融资筹集。一旦这些按揭贷款出现问题，这些银行和影子银行就会发生债务违约。

除数百万间闲置的房屋外，2008年的金融危机没有留下任何有价值的东西，其造成的损失需要数年时间来消化。面对这样的灾难，我们不禁发问，是否应该把某些破坏力强大的高风险行为，定义为违法行为呢？

2008 年金融危机后，托内尔和他的同事重新审视他们的工作，最后得出结论：信贷繁荣带来的好处，不足以弥补它后来所造成的崩溃。在信贷狂潮中，太多的借款是由没有任何实际价值的资产作支撑。

美联储本应看到两次泡沫的不同之处，然后戳破第二个泡沫。毕竟，当时已经有人认识到房地产泡沫与科技泡沫存在本质不同。然而，问题并没有这么简单。在泡沫破裂之前，要判断戳破它是否恰当并不容易。

如果美联储接受压缩房地产泡沫的建议，那么 10 年前面对科技泡沫时，它很可能也会采取同样做法。美联储并没有这样做，因为它并不确定泡沫是否存在；即便能够确定，美联储也不一定有能力戳破它。如果泡沫被戳破，其破坏力也可能比自然破灭更巨大。

资产价格暴涨的现象还会出现。毫无疑问，各国政府应该尝试采取一些干预措施，避免之后出现更大的灾难。然而，如果假设美联储提前知道泡沫的存在，再假设这个泡沫会造成不良后果，而且大部分的冒险毫无意义，美联储应该戳破这个泡沫吗？这与生态学派批评美联储为救市而刺激经济增长时所提的问题如出一辙。经济体是一个复杂系统，试图消灭投机行为可能造成更大的损失。

1928 年，美联储内部曾就这一问题展开辩论。当时股价暴涨，有人担心这会带来危险的投机热潮。美联储的官员们怀疑银行为这些投机性的购买行为“输血”太多，但是其实际领导人本杰明·斯特朗（Benjamin Strong）为避免经济受到损失，坚持反对通过加息抑制股价，但是在 1928 年，斯特朗去世了，继任者的生态意识比他更浓。

1928 年 1 月到 1929 年 8 月，纽约联邦储备银行将贴现率从 3.5% 提高到 6%，本将在 1929 年股市崩盘时见顶的股价从 10 月 18 日开始下跌。在信贷收紧的压力下，经济增长开始放缓，加息和股市崩盘的共同影响使美国经济陷入衰退期。

1989—1991 年，日本央行也采取过类似做法。当时日本的股价和地价已经涨到十分危险的价位，时任日本央行行长的三重野康（Yasushi Mieno）决定打击投机行为。最后，他成功刺破股市和房地产泡沫，但由此导致的经济崩溃使日本进入一段衰退和通缩并行的艰难时期。

我们不能把 1929 年的“大萧条”完全归咎于美联储的反泡沫行动，“大萧条”出现的原因非常复杂。20 世纪 90 年代，日本经济发展迟滞的根源也具有类似的复杂性，但这两段插曲告诉我们，央行决策者难以判断投机热潮受到打击的后果。的确，有些时候让大灾难晚点到来，是一种正确的选择，试图抢先解决它，可能造成更糟的结果。

FOOLPROOF

why safety can be dangerous and how danger makes us safe

第8章

混乱中的秩序

黄石公园内的纵火者

与100年前相比，我们对经济体和森林等复杂系统的了解程度大大加深。我们知道应采取何种措施来预防灾难，也知道过度干预可能会导致更多灾难。

懂得取舍是一回事，决定取舍的标准则是另一回事。尽管人类的知识水平有了惊人的进步，但环境和经济对我们来说依然是异常复杂、难以预测的领域。这意味着，如何预防灾难往往取决于决策者的判断，而且通常在灾难发生后，决策者才知道自己的判断是否正确。

以森林火灾来举例。我们知道，在过去一个世纪，人们对森林大火的看法发生根本改变：过去，森林大火被视为人类必须驯服的自然威胁；今天，人类已将它视为生态系统不可或缺的组成部分。这些认知上的进步，增加了森林监管部门的决策难度。

科学家发明出各种巧妙的方法，用来重现美洲有文字记录的森林火灾历史。其中一种是检查过往森林火灾在古树年轮上留下的疤痕，还有一种是在湖底钻孔，从中提取数米长的土芯。这种土芯样本就像一个时间胶囊，科学家能够从中分析沉淀物的形成时间。森林大火将大量木炭烟尘（未充分燃烧的木屑）散播到空气中，这些烟尘最后都会沉到湖泊底部。通过计算土芯样本中的木炭浓度，科学家就能探明火灾发生的时间和它的危害程度。

2004 年，詹妮弗 · 马龙（Jennifer Marlon）还在俄勒冈大学攻读地理学的硕士学位。她的一些朋友正在太平洋西北地区的湖泊中采集土芯样本，用以追踪该地区的森林历史。马龙很想知道，如果将这些样本拼接起来，是否能够描绘气候变化对整个美国西部森林的影响。于是她搭建一个“全球木炭数据库”(Global charcoal database)，来整合全国乃至全世界的土芯样本。

在得到相关数据后，马龙立即将它们与干旱、高温的发生周期进行对比——后两者由其他科学家通过独立研究项目得出。这样一来，马龙就可以构建自上次冰河期（2.1 万年前）以来的火灾历史。她收集的数据显示，火灾频率的变化要经历一个很长的周期，这个周期与干旱程度、高温气候紧密相关。火灾高发期出现于中世纪气候异常期，也就是公元 950—1250 年。这一时期的气温和干旱程度都很高，而下

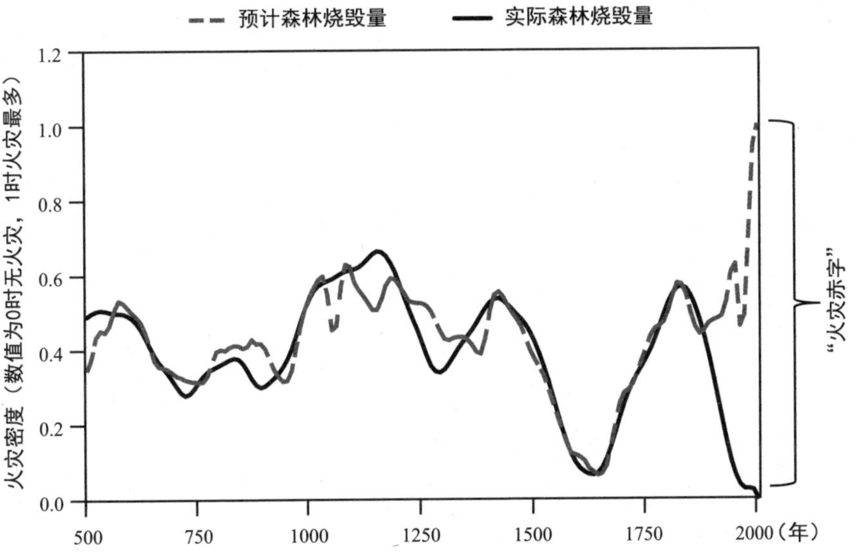

图 8.1　森林的实际烧毁量和预计烧毁量在 20 世纪开始发生偏离

资料来源：《美国国家科学院院刊》109, 第 9 期（2012 年）

一次高发期出现在 19 世纪。在 1400—1700 年，火灾发生次数较少，人们把这段寒冷潮湿的时间段称为“小冰河期”。

马龙与她的合作者将这些发现整合到一幅双曲线图中（图 8.1）：一条曲线表示观察到的实际森林烧毁量；另一条线是根据干旱和气温状况推算的预计森林烧毁量。过去 2000 年，这两条曲线的走势基本一致，直到 20 世纪突然开始发生偏离。这一时期，气温与干旱程度飙升，但森林火灾的数量在稳步下降。

马龙认为这幅图传递的信号是，近 100 年来，人类的持续干预，使得真实发生的火灾数量，少于研究者以气候变化为根据所推测的火灾数量。马龙收集的数据截至 20 世纪 80 年代。此后几十年采集的木炭样本虽然不具有直接可比性，但依然显示出自 80 年代以来，火灾的规模和强度越来越大，火灾的高发季节也变得越来越长。汤姆·斯韦特纳姆（Tom Swetnam）是该领域的专家，通过研究古代火灾在百年老树年轮上留下的疤痕来探索火灾历史。他的研究充分印证了马龙的发现。“那些古树年轮证明，美国西南部森林火灾的发生周期为 5—10 年，蛰伏期为 100 年左右。在人类出手干预（灭火、农牧等）之前，自然的运行规律就是如此。”他对我说，“今天我们面临的问题是，森林火灾日益严重，燃料的大量积累、干旱和气候变暖使火灾蔓延的面积不断扩大。”

火灾是森林进行自我更新的必要手段。地表林火迅速点燃森林下的草地和经年累积的松针。嫩苗被烧死后，森林的密度降低了，但底部直径达 4 英寸的树木具有很强的耐火能力，有些树种甚至还需要火。例如，美国黑松的球果被树脂包裹，火灾产生的高温会让这些球果裂开，帮助美国黑松传播种子。鼠李、常绿槠和忘忧树种子掉落在浓密的灌木丛中，并在火灾之后开始生根发芽。正常条件下，这一过程每隔几十年就会重复一次。

人类的灭火行动改变了森林的特征：某些物种过分生长，抑制其他物种的成长；更多树叶、灌木和死亡树木留下的枯枝累积在森林地表上，为下一次火灾提供充足的燃料；越来越多本应被大火烧死的树苗存活下来，使得森林越来越浓密。随着森林密度不断增大，燃料越来越多，意味着一旦人类的灭火行动失败，火灾就会迅速蔓延，造成巨大的损失。在这样茂密的森林中，大火会顺着小树的树干向上蹿到树冠，然后迅速点燃其他树木。灭火行为也变得更加危险，消防员的伤亡数量显著增加。

自 1910 年森林大火发生后，灭火成为国家森林局的预设之策，1916 年美国国家公园管理局成立后，这一措施也未改变。在 20 世纪 50 年代，社会上出现一些反对的声音。反对者并不是担心灭火会导致更大火灾，而是担心这些灭火行动会打破森林的生态平衡。一些科学家和生态学家认为，火灾是一种正常的修复过程，他们呼吁不要人为干预火灾的发生。60 年代初，黄石国家公园扑杀麋鹿的行动引发争论，促使肯尼迪政府任命一个由外部人士组成的小组。该小组在著名动物学家斯塔克·利奥波德（Starker Leopold）的领导下，就野生动物管理改革向公园提供建议。利奥波德和他的同事们并没有站在动植物保护的立场。他们在 1963 年的报告中写道："国家公园应该恢复到欧洲人到达之前的样子，成为美洲原始风貌的缩影。"

该报告写道："19 世纪 40 年代，淘金者跨越内华达山脉抵达加州后，几乎都会提到在山脉西坡脚下，由广袤的成年树木所构成的壮美景象。如今，山脉西坡大部分被浓密的松树、白冷杉、北美翠柏的幼苗和成年灌木所覆盖，这正是过分抑制自然地表林火的直接结果……野生动物很少，野生花卉难见，互相缠绕的浓密植被令某些人十分沮丧。"故意放火，或者"计划烧除"（Prescribed burn），是控制植被生长最自然的方式。

利奥波德的报告与其说是一项科研活动，不如说是一份生态宣言。这份报告推动了人类应对林火方式的重大变革。20 世纪 30 年代的一项政策要求，所有林火必须在第二天早上 10 时前扑灭；到 1968 年，美国国家公园管理局正式废除这项政策；1978 年，美国国家森林局也废除了这项政策。

如何才能重新引入林火？森林不再是欧洲人到来之前无人涉足的原生土地。如今人们在林区生活、工作、垂钓、狩猎和驻营。森林已成为无数伐木工人、渔民和酒店经营者赖以生存的重要资源。我们要的不是放一把大火，威胁居民的生命安全所，抑或造成巨大的经济损失。森林管理者需要就是否放火、何时放火做出准确判断。

1988 年夏天，黄石公园发生大火，应对这场大火的责任落在当时公园的负责人鲍勃·巴比（Bob Barbee）身上。2000 年，巴比从公园管理处退休。2014 年 8 月的一天早上，我前往蒙大拿州波兹曼市会见巴比。当时 78 岁的他面色红润，一头银发梳得纹丝不乱，粗哑的声音中透着沉稳。在我们聊天的客厅里，塞满了他退休前从黄石公园、阿拉斯加和北卡罗来纳州搜集来的手工艺品，还有纳瓦霍毛毯盖着的家具，墙上挂满他在森林中、湖泊边和高山上令人惊叹的留影。

从科罗拉多州立大学获得自然资源学位后，巴比开始从事夏季兼职护林员的工作。之后，他欣然接受国家公园管理局为他提供的一份全职工作。1968 年，巴比成为加利福尼亚州约塞米蒂国家公园的一名自然资源专家。没过多久，他去拜访加州大学伯克利分校的生态学家哈罗德·比斯维尔（Harold Biswell）。比斯维尔也支持在国家公园重新引入火灾。身着野外工作服的比斯维尔建议马上行动起来。在接下来的 3 天时间里，他们认真研究了放火问题。

在约塞米蒂国家公园，巴比的任务是对利奥波德的建议做出调整。他知道加州红杉树的繁茂生长，得益于林火，林火能定期清除一些速生的冷杉林。而约塞米蒂国家公园多年的灭火行动，使得冷杉林的密度越来越高。巴比提出一个计划，准备在约塞米蒂国家公园实施“计划烧除”。大部分公众认为这种做法太过野蛮，人们给比斯维尔起了个绰号，叫“火把哈利”，而给巴比的绰号是“午夜生态学家”。巴比本人对这个绰号的理解是“举着火把穿越森林的穴居人”。巴比没有退缩。一年夏天，他在风景宜人的艾尔凯皮顿草原放了一把“疗愈”之火。早年间，筑路活动改变了这片草原的水文地理条件，整个草原的水分逐渐流失，松树在此疯狂生长。为保护艾尔凯皮顿草原，公园管理处一直在不断砍伐松树。巴比放的这把大火持续燃烧了 45 分钟，将这些松树烧毁殆尽。在后面几年，这把火的成效逐渐显现，曾经被松树占据的土地上又出现草莓和杜鹃花的身影。

1983 年，巴比成为黄石国家公园的负责人。1972 年的公园管理条例，允许有限区域内的天然林火不被扑灭，巴比上任后扩大了这一区域的范围。主动灭火还是让林火自生自灭，取决于专家对可燃物负荷量、天气状况、空气湿度以及周边有用建筑物的科学分析。在接下来 15 年，因闪电造成的森林火灾共发生 235 次，林地过火面积达 3.4 万英亩（公园总面积为 220 万英亩）。其中，1981 年是火灾高发期，那年林地过火面积约为 2 万英亩。令人欣喜的是，这些年降水相对充沛，人们相信降雨可以在合理时间内浇灭所有自然林火。

1988 年 6 月 14 日，一道闪电在蒙大拿州引发一场大火，着火位置正好在黄石公园北界。接下来数周内，雷电又引发几场小规模火灾。按照公园管理处的规定，巴比决定不采取任何干预措施，但同时开始监控火情。然而，火势的蔓延让巴比和他的同事大吃一惊。他们预计的降雨并未到来。那是公园有史以来最干旱的一个夏天，整个夏天一直在刮狂风。一般来说，火势在夜间会有所减弱，但这一年夏天，大火在太阳落山后反而越烧越猛。此外还有可燃物因素。黄石公园的生态人员对树龄最老的古树年轮进行研究后发现，这一地区在1705年和1850年都发生过多次大规模火灾。从空中可以明显看出这些火灾留下的痕迹，因为大火后重新长出的树木，外表与周边其他树木截然不同。自19世纪末以来，人们一直在定期防控火灾。20世纪60年代，黄石国家公园开始实施“计划烧除”，让野火自然燃烧。尽管如此，森林中积累的可燃物还是越来越多，使得火苗能够轻易抵达树冠的高度，从而使火势更加凶猛。

到7月中旬时，巴比改变应对策略，决定将所有大火都扑灭。刚开始，一些科研人员反对这一决策，他们想要研究这场火灾对森林生态环境的影响，但那时火势越来越猛，已经难以控制。林区员工用推土机清理出防火带，或者通过燃烧迎火[①]来阻止火势蔓延。然而，狂风将余烬吹过马路、溪流和防火带，火势以每天5～10英里的速度向周边蔓延。到8月20日，过火面积已达16.5万英亩，滚滚浓烟如同核爆炸后产生的蘑菇云。9月初，火势即将逼近老忠泉旅馆（Old Faithful Inn）——全世界最大的原木旅馆。巴比坐下来与火场指挥员商讨对策，他对指挥员说：“决不能让老忠泉旅馆被大火烧毁，不然我就死定了，你也一样死定了。”在火势抵达的3天前，消防员对旅馆喷水和防火泡沫。火灾烧毁附近17栋建筑，引爆一辆油罐车，但旅馆幸存了下来。

巴比的团队曾经预计，这一年的野火最多烧毁4万英亩林地，但实际情况是，黄石公园及其周边地区的248场大火共烧毁100多万英亩林地。这对国家公园管理局来说无异于一场公关危机。巴比后来回忆说：“我一直希望卡扎菲做点出格的事情来转移媒体注意力，但他没有。于是，黄石公园就成为媒体关注的焦点。”

公众和政客们大多不理解国家公园管理局为何放任林火蔓延，也不明白该部门为何希望黄石公园这个美国历史最悠久、最受欢迎的国

①把草原或森林中一块地带先纵火烧光，以阻止野火或林火蔓延。——译者注

家公园发生林火。这年 8 月，国家公园管理局主任威廉·莫特（William Mott）宣布，国家公园暂停所有“计划烧除”措施。9 月，一群国会议员请求里根总统力促国家公园管理局放弃这一策略。黄石公园是美国西部重要的旅游收入来源，许多人认为“计划烧除”破坏了伐木业和旅游业的经济活力。一些科学家也对这一政策持批评态度。

的确，“计划烧除”的背后有科学理论的支撑，但火灾固有的复杂性和不可预知性依然存在。

2000 年，横穿班德利尔国家纪念地（位于新墨西哥州洛斯阿拉莫斯镇以南）的菜豆峡谷火灾将这一点表现得淋漓尽致。公园管理人员抱怨说，60 年来最严重的干旱为随时可能发生的大规模林火提供条件。

当时，还有个在 1998 年制造一场大火的纵火犯在逍遥法外。所有人都在担心，万一发生大火，洛斯阿拉莫斯的核武器实验室可能被毁。因此，为减少可燃物负载量，以避免林火产生，国家公园管理局从 5 月 4 日开始执行“计划烧除”，用滴液点火器中溢出的汽油引燃峡谷上部塞罗兰德峰山坡上的野草。

短短几个小时内，火势就开始向计划区域外蔓延。第二天，大火从“计划烧除”发展成一场森林野火。为了控制火势，消防员沿着公园西部边界修建防火带，防止大火蔓延到峡谷底部的密林区。

当风速逐渐加快，火势突破防火带，蔓延至峡谷中的密林区时，国家公园管理局调来直升机到火场喷洒阻燃剂。然而，这一场大火再次失控，大火扬起的余烬在靠近洛斯阿拉莫斯东部地区引发大火。这场大火以每小时一英里的速度向城镇迅猛推进。

5月10日，时任新墨西哥州州长加里·约翰逊（Gary Johnson）命令全镇1.1万居民撤离。随风飘扬的余烬点燃43平方公里的实验楼，美国能源部不得不派出小组来监控核武器实验室的辐射泄漏。最终，有1400名消防员、16架空中加油机和多架直升机参与灭火行动。国家公园管理局原本计划将过火面积控制在900英亩，但实际过火面积达到4.8万英亩。

火灾过后，相关部门立即展开调查。时任内政部长布鲁斯·巴比特（Bruce Babbitt）指责国家公园管理局的计算存在“严重缺陷”。这次调查以及随后的报告均指出，公园的管理人员未对大风预报的变化给予充分重视，没有能够安排足够数量的消防员和飞机待命，以便在火势失控后展开灭火行动。

对于负有森林管理职责的人来说，放任林火自由燃烧，还是展开灭火行动，需要承担巨大的责任。1988年，黄石公园附近愤怒的当地居民和企业主给巴比取了“烧烤鲍勃”（Barbee-Que Bob）的绰号。一份曼哈顿的报纸上还登出一幅漫画，上面画了一群正在燃烧的泰迪熊，旁边的标签是“巴比娃娃”。从约塞米蒂国家公园的“计划烧除”，到阻止哈特拉斯角的汽车旅馆开发计划，巴比已经习惯作出不受欢迎的决策。他回忆说，总是在意别人对自己决策的看法，干不好这份工作。

塞罗兰德大火过后，虽然一个调查委员会反对作出任何纪律处分，但班德利尔国家纪念地负责人罗伊·韦弗（Roy Weaver）还是遭到众人诋毁，险些失去退休金。他后来回忆说：“事情就这么发生，我们没有预料，也无法料到。我们控制不了。”

巴比给他寄去一封慰问信，以示支持。巴比说，还有许多公园管理人员处在同样位置。若非天恩眷顾，他自己也难以幸免。如今巴比相信，即便他们在火灾初期就想尽一切办法灭火，那年夏天的火灾同样无法避免。一系列事件的发生，使得 1705 年和 1850 年那样的大火必将再次上演。

从官方角度看，自然火灾和“计划烧除”依然是联邦森林管理工作的核心任务，但黄石公园和塞罗兰德事件说明，这些政策的执行者承受着巨大的风险。长期来看，通过灭火来管理森林因各种复杂因素很危险。而在短期来看，同样的原因也会让人无法预测火的使用效果。很多因素都会导致火势失控，包括无法预测的风向改变、缺乏降水、雷电以及独特的地形特征。

就黄石公园和塞罗兰德凶猛的火势而言，至少一部分原因在于，此前数十年这些地区都未发生火灾。黄石公园成立于 1872 年，是美国第一座国家公园。1886 年，军队开始承担黄石公园的防火任务。20 世纪 70 年代以前，政府一直选择在第一时间扑灭森林火灾。“1988 年的林火烧掉了一个世纪以来积累的可燃物。”火灾史学家史蒂芬・派恩如此说道。斯韦特纳姆认为，18—19 世纪，洛斯阿拉莫斯周边地区大约每 6 年就会发生一次大规模火灾，但 1881 年以后，该地就再没有发生过大型火灾。

如果斯韦特纳姆和马龙的计算正确，那么过去一个世纪应该就是火灾蛰伏期。这给我们一个可怕的暗示——未来可能会发生更大规模的火灾。人类的经验似乎也印证了这一点：过去 10 年烧毁的森林面积，比此前数十年的被毁面积多出 50 万英亩。这不仅仅是气候变化导致，也是由人类的灭火行为造成。

不幸的是，这些信息无法告诉我们该如何做。我们应该鼓励火灾的发生以消灭“火灾赤字”（Fire deficit），还是应该更加留意火灾，在火灾发生时迅速采取行动，避免更大的林火？科学支持前面的方法，但后者才是我们日常的现实做法。对于从事森林管理的人来说，两者的后果极不相同。如果火灾按照预定目标自然发生，森林就会变得更加健康，若干年后超级火灾发生的概率也会变小。然而，很少有人会注意到森林将更加健康，而察觉火灾减少的人更是寥寥无几。如果火情失控，就会造成数百万美元的损失，还可能导致人员丧生，进而引起电视媒体的关注，招来国会议员愤怒的控诉。此外，需要注意的是，对森林进行“计划烧除”和机械疏伐（均为减少森林可燃物和促进森林自然生长的方法）的成本很高，灭火比放任森林自然燃烧更具优势。

反过来，灭火行动所引发的后果，让人们难以选择。黄石公园大火过后，西部地区的国家公园都暂时叫停“计划烧除”的政策，使得周边的土地开发活动多于继续执行该政策的地区。放任大火蔓延所付出的代价，因人类的灭火活动而变得更加高昂。

派恩证明了这一观点。他认为大多数森林管理者都对灭火行动心照不宣。“如果你实施‘计划烧除’，或者任由林火燃烧，最后大火却失控，你的事业将就此终结；如果你采取灭火行动，即使最后行动失败，你也会被人们当作英雄来称赞。”他引述在美国加州红杉国家公园见到的一位林务官的话，“我每天去工作时都在想，或许一次风向的改变，就会把我送进监狱。”

与细菌和平共处？

森林并非唯一受到人类干预行为影响的系统，许多其他生态系统和社会活动也具有类似特征。细菌就与森林类似。抗生素的出现曾经提高人们对疾病防控的预期。他们认为自己可以控制甚至打败战场创伤、喉咙肿痛、性病、尿道感染等各种疾病。然而，细菌与森林一样，对于人类的控制行为具有适应性，在某些情况下甚至会变得更加危险。

1928年，一个无心之举使亚历山大·弗莱明（Alexander Fleming）发现青霉素。他把一个细菌培养基留在实验槽里，回来后发现这个培养基中长出青霉菌。培养基里到处是细菌，唯独这个霉菌周围没有。不过，弗莱明并未找到提取高纯度青霉素的方法。1940—1941 年，这项任务落在牛津大学的 3 位英国科学家身上，他们成功研制出可供人类使用的青霉素。

1941 年，为说服美国批量生产青霉素，英国科学家到美国宣传这种药物的神奇功效，但美国政府并未批准公开销售这种药品，只允许在军队中有限制地使用青霉素。1942 年，一场大火烧毁波士顿颇受欢迎的椰林夜总会，492 人在火灾中丧生。许多大面积严重烧伤的幸存者被安排在麻省综合医院接受救治。金黄色葡萄球菌很容易使他们的皮肤创面受到感染，尤其是那些烧伤者和接受植皮手术的患者。此前，大多数被金黄色葡萄球菌感染的患者只有死路一条。然而这场火灾发生后，默克制药公司设在新泽西的制药厂迅速向麻省综合医院供应了一批青霉素，成功挽救许多烧伤患者的生命。

青霉素在治疗火灾烧伤患者上取得的成功，为其赢得“神奇魔药”的美誉。这一称号绝非浪得虚名。细菌缺少细胞壁就会死亡，而它内部的一种酶可以为其制造细胞壁。青霉素正是通过与这样的酶结合来发挥作用，它能使细菌缺失细胞壁，从而将其杀死。由于人类细胞没有细胞壁，因而青霉素对人体无害，是一种非常安全的药物。

青霉素迅速获得广泛应用。不久后，人类就彻底战胜淋病、肺结核等古老疾病。免疫学家、1960 年诺贝尔医学奖得主弗兰克·麦克法兰·伯内特爵士（Sir Frank MacFarlane Burnet）1962 年公开宣布：“我们认为，人类在 20 世纪中叶完成一场史上最重要的社会革命，传染疾病的彻底消灭是社会生活中的一个重要因素。”

但是人们把青霉素视为神药的做法，埋下了祸根。弗莱明曾在 1945 年提出警告，细菌突变可能会导致其对青霉素产生耐药性。这简明地揭示了达尔文的自然选择理论。细菌在一小时内可以发生多次自我复制，其进化速度远远高于其他物种。弗莱明对细菌使用大剂量青霉素，直到幸存的菌株进化出青霉素无法穿透的细胞壁。1945 年，弗莱明警告称，如果将青霉素制成药丸任由患者自己服用，而不是让他们去医院接受静脉注射，那耐药菌株将会变得更加流行。

虽然弗莱明正确判断出细菌的耐药性，但他还是低估了它的危害性。弗莱明假设耐药性会随着自然选择的过程而发展。假如一株细菌的染色体上包含一个突变，就会导致细菌对青霉素产生抗药性。对患者进行青霉素治疗，会杀死耐药菌株以外的所有细菌，而使耐药菌株有机会继续生长和扩散。想象这样一个场景：气候变化导致兔子大量死亡，只有一种皮毛很厚的兔子幸存下来，然后这种厚毛兔子就会占据种群优势，因为它对新的气候具有更强的适应能力。

除突变外，细菌还能以更加巧妙、高效的方式获得耐药性。质粒是可自由浮动的 DNA 片段，存在于细菌细胞内。它独立于染色体之外，发挥着一些补充作用。质粒可能含有某种基因，该基因能够产生一种酶，将抗生素拒之门外或为宿主菌提供一定保护。

1959 年，一些日本医生被一种细菌性痢疾的菌株所震惊，这种细菌对 4 种不同的抗生素都具有耐药性。按照他们的估计，一种细菌通过正常的突变过程，需要自我复制 1028 次，才能具有这样的耐药能力。这几乎不可能做到。科学家们的结论是，带有耐药基因的细菌质粒会将耐药基因与其他细菌进行交换，从而使其基因具有多种耐药性。这就好比有些兔子虽然没有很多毛，却学会让皮毛变厚的方法，再也不用在严寒中坐以待毙。

此外，细菌的某些基因甚至可以在遇到抗生素时再开启它们的耐药性，这意味着，最敏感的细菌也可以突然变得耐药。耐药性的发展速度惊人，患者进行抗生素治疗的两周内，其身体内的细菌就会产生耐药性。引入青霉素治疗几年后，伦敦的各大医院就已出现耐青霉素的葡萄球菌。20 世纪 70 年代，美国士兵感染上一种抗青霉素淋病，这种疾病的根源可追溯到越南妓女。她们经常使用青霉素来预防疾病。

为了对抗耐药菌株，科学家们研制出各种新型抗生素，针对感染因子的不同部位进行定向治疗。20 世纪 60 年代初，甲氧西林、苯唑西林和萘夫西林等青霉素衍生物纷纷面世。然而几年后，就已出现耐甲氧西林的金黄色葡萄球菌（MRSA）。到 20 世纪 90 年代，这种细菌已在各个医院内广泛传播。进入 21 世纪，其流行地区变得更广泛。如今在美国，这种金黄色葡萄球菌每年会导致 9 万人感染，其中 2 万人因感染而死亡。

抗生素并不是耐药细菌出现的原因。在抗生素问世前，许多耐药菌已在自然界存在几个世纪，甚至上千年，但大自然的优胜劣汰让我们相信，抗生素的普及提升了耐药菌的流行程度。微生物学家兼内科医师斯图尔特·利维（Stuart Levy）这样说道："抗生素让那些它们无法杀死的细菌更好地活下来。"

抗生素是一种具有社会属性的药物。某个人使用抗生素的行为，会影响另一个人使用抗生素的治疗效果。举例来说，一个人服用抗胆固醇药物，不会影响另一个高胆固醇患者的治疗。然而，每个人服用抗生素的行为，都会略微增加社会中其他人产生耐药性的风险。抗生素在某国越是被广泛使用，它的效果越是微弱。抗生素的社会属性就体现于此。

76 岁高龄的利维脖子上打着蝴蝶领结，戴着一副眼镜，满脸笑容。他在位于波士顿唐人街的塔夫斯大学医学院工作。利维对抗生素耐药性的研究兴趣，始于一次法国度假。1981 年，利维创立"慎用抗生素联盟"（APUA），在全球范围内开展反对滥用抗生素的活动。为了找到抗生素耐药性的来源，他跑遍全球各个角落。在孟加拉国狭小的药店里，他拍下店员出售非处方抗生素的照片；在尼泊尔村庄里，他艰苦跋涉，追踪耐药性的发生率；他还到法国的农场里观察给小鸡服用的抗生素的扩散范围。

有些疾病的致病源不是细菌，但我们经常会用抗生素来治疗它们。例如感冒由病毒引起，服用抗生素根本不起作用。很多原因会导致抗生素耐药性：牲畜滥用抗生素；自行治疗，尤其是在抗生素作为非处方药出售的国家；为了从慢性疾病治疗中获取更大利润，制药公司不研发新型抗生素；人们普遍对抗生素缺乏了解——APUA 的一项研究发现，45% 使用抗生素的患者认为抗生素可以杀死病毒。

人们采取各种措施来解决这些问题，例如限制牲畜使用抗生素（丹麦干脆禁止对牲畜使用抗生素），普通患者凭处方开抗生素，但这些限制并没有解决耐药性的一个重要来源——医生的过度用药。这不仅出于经济利益和无知，还因为医生个人责任和社会责任间的冲突。很少有医生能确切了解病人哪里不舒服。病毒导致的上呼吸道感染不会对抗生素或细菌有反应，这种症状可能会自行好转，也可能迅速恶化。这种不确定本身，就会促使医生开出效力更强的抗生素处方，即使这样做有可能导致耐药性出现。1997—2010 年美国医院开展的一项研究发现，当病人抱怨喉咙肿痛时，60% 的医生会开出抗生素处方，即便抗生素只对 10% 的喉咙肿痛有效。

医生对于是否开出抗生素处方的评估过程，与森林管理者决定是否采取灭火行动十分相似：好处立竿见影，代价模糊不清，而且承担责任的人也不是医生自己。“比起耐药性理论上可能带来的‘下游’并发症，医生更担心不给病人开抗生素处方的后果，尤其在病人病情可能加重的情况下，”一位医生这样对研究人员说道，“关于耐药性……你百分之百会回到是否开药这一问题上。每个医生都不希望病人因为感染而加重病情。”

“作为主治医生，我们无法确切了解病人所患何病。”洛杉矶县与南加州大学医疗中心的首席医疗官布拉德·斯佩尔伯格（Brad Spellberg）如是说道。与利维一样，斯佩尔伯格多年来也在抑制抗生素的滥用。“我们做最好的假设，但总是担心这种假设可能错误。”

斯佩尔伯格讲述了一个 28 岁女性的案例。这位患者因喉咙肿痛、发烧和乏力等疑似流感症状前往洛杉矶一家社区医院就诊。根据避免滥用抗生素的协议，医院建议她多喝鸡汤并服用泰诺，然后就让她回家。几天后，这位患者又来到医院，这次患者病情更加严重。医院再次对患者说她的病与细菌无关。又过了几天，这位患者被诊断为雷米尔氏症。患上这种疾病后，喉部的细菌感染会扩散至颈静脉，形成感染性血栓，随后血栓发生分裂并扩散到身体各个部位，特别是肺部的毛细血管中。不久后，这位女患者就去世了。

这种情况极为罕见。按照斯佩尔伯格的计算，使用抗生素导致过敏等不良反应的概率为十分之一，因拒绝使用抗生素而出现风险的概率约为万分之一。尽管如此，如果抗生素对治疗有效，大多数医生也不想让患者冒险。在利维反对抗生素滥用的几十年中，耐药率一直在攀升，他绝望地感到自己已经输了。虽然利维在医生教育方面取得一些进展，但抗生素滥用问题在农业国家和新兴市场国家依然十分普遍。他在尼泊尔研究得出的结论令人沮丧：医生比例最高的地区，抗生素耐药率也最高。

斯佩尔伯格认为，劝诫医生们不开抗生素处方的做法，注定会失败。更好的做法是开发出一些能够快速确诊患者病症的技术，确诊后再决定是否采用抗生素治疗。此外，考虑到感染者的大部分痛苦都表现为身体反应，或许最好的办法是训练身体不对感染做出反应。他说：“我们的原则是，不要试图去战胜一个在数量上比我们多 1022 倍，重量上超出我们 1 亿倍，繁殖速度比我们快 50 万倍，存在时间比我们长 1 万倍的物种。我们追求的应该是与细菌和平共处。”

千万别信“大而不倒”

在处理森林火灾和细菌感染时所面临的困境，与处理金融危机的困难如出一辙。明知政府干预会使公众产生错误预期——以为银行、对冲基金和国家永远不会破产，政府还应该出手吗？

杰罗姆·鲍威尔（Jerome Powell）十分清楚这一困境。鲍威尔身材匀称，一头银发，无论相貌还是声音，都与他 20 世纪 90 年代初在财政部任职时没什么两样。在重新担任美联储理事前，鲍威尔在投行和股权投资领域工作过一段时间。2010 年，在他两段政府生涯的间隙，我与他有过会晤。那时，他刚刚加入两党政策研究中心。这个智库负责为紧迫问题寻求解决方案，以便两党达成共识。当时还在《经济学人》工作的我和鲍威尔一起研究金融“战争游戏”：招募一群过去的政策制定者，让他们在《经济学人》的大会上直面一场模拟的金融危机。有一年他们面对的挑战是，如何处理一家濒临破产的超大型银行。

我们要求这些参与者尽力弄懂《多德 - 弗兰克法案》（*Dodd-Frank Act*）中的复杂条款。这部金融法案于 2010 年获得通过，旨在限制政府的救市行为。我们尽可能让这个模拟场景折磨他们的神经：是放任银行倒闭，再次见证一场 2008 年那样的金融危机，还是出手相救，为了消除道德风险而出手救市？在这个过程中，我意外发现，鲍威尔对这种困境一点也不陌生，他早就遇到过这种两难选择。

1991 年 1 月，美国经济深陷衰退困境，众多银行像多米诺骨牌一样关门倒闭，得克萨斯州和新英格兰地区尤其严重。罗德岛州的州长刚刚关闭 45 家信用社，而且由于该州的存款保险基金已经破产，存款人的资金被冻结。新英格兰银行是美国最大的区域性银行之一，其快速增长得益于新英格兰地区的经济繁荣和自身的收购行为。随后它因房地产价格崩溃，被大量坏账压得喘不过气。1 月 4 日，星期五，新英格兰银行宣布 4.5 亿美元巨额亏损，其剩余资本金全部被清偿。该银行实际上已经处于破产状态，存款人纷纷涌入该行设在马萨诸塞州、罗德岛州和康涅狄格州的分行，要求提取现金。

1 月 6 日，星期天，鲍威尔与财政部的同事会见联邦存款保险公司和美联储的工作人员。在新英格兰银行及其两家联行的 191 亿美元存款中，有 20 多亿美元存款所在的账户超出联邦存款保险公司的保险范围（联邦存款保险公司仅为 10 万美元以下的账户提供存款保险）。新英格兰银行的规模并不算大，在全美银行中仅排在第 33 位。问题是，很多其他银行的存亡也要依赖各自的未保险存款。

鲍威尔及其财政部的同仁反对向未保险存款提供保护。他们担心这样做会引发道德危机，使未购买存款保险的储户相信政府会一直对破产银行提供救助，从而加剧风险行为的发生。几年后，鲍威尔对我说："这是一个典型的'大而不倒'问题。现在推出救助计划是为了避免发生最坏结果，但这制造了道德风险，可说是饮鸩止渴，最终可能会导致更糟的状况。"

美联储负责银行监管的理事约翰·拉威尔（John LaWare）告诉鲍威尔和他的同事："如果未保险存款人的资产贬值，周一早上各大银行一开门，就会面临挤兑。"其他人很快想到，决不能允许这样的事情发生，一致投票通过对未保险存款人进行救助。

2008 年是 1991 年紧张局势的重演，只是规模更加庞大。

2008 年 3 月，美联储和财政部一致同意对贝尔斯登展开救助，因为如果这家公司倒闭，更多公司就会破产。房地美和房利美也面临同样问题。长期以来，人们一直把这两家公司视为联邦政府的一部分，如果它们倒闭，后果不堪设想。

到 2008 年 9 月，对道德风险的担忧开始占据上风。美国前财政部长亨利·保尔森（Henry Paulson）坚称，不会使用公款救助雷曼公司——这是那次危机中最具争议的决定。随后，雷曼兄弟破产，在金融领域点燃一场规模庞大的森林大火，迫使政府出手救助 AIG、货币市场基金、商业票据、花旗银行和美国银行。救助贝尔斯登引发道德危机，让保尔森遭受全面攻击。然而在史上最严重的系统性金融危机中，让一家大型银行破产，使他面临更加严厉的指责。一位知名专栏作家称保尔森为“美国历史上最无能的经济政策制定者”。

雷曼破产后，继任财政部长面临的困境，与塞罗兰德或黄石公园大火后的森林管理者一样：如果不干预经济，他可能就要为一场毁灭性灾难负责。因此也就不难理解，政府为何会频频出手救市。

在这样的困局中，工程派和生态派的区别更加显著。工程派对自己的能力十分自信，总是忍不住要出手干预。然而，决策要视当时的情况而定。从更广的角度看，生态派在控制微观风险时比较准确，系统将受益于小规模灾难所带来的经验和抵抗力，工程派更善于把控宏观风险，躲避毁灭性灾难。

斯图尔特·利维就是工程派的典型代表。他本人从未使用过抗生素，因为担心助长耐药性问题。如果某个医生建议他使用抗生素，他会说：“不，我要亲自战胜它们。”他并非不相信抗生素的功效。如果生命受到威胁，他肯定会使用抗生素。“我还没那么愚蠢。我可不是为了创造某项纪录才拒绝使用抗生素。”事实正好相反，正是因为他非常相信抗生素，才决定只在真正需要时才使用它。如果受到一点轻微感染就使用抗生素，只会让它在面对致命感染时不起作用。

美国的政策制定者们用各种方式，对金融系统进行着相似的尝试。《多德—弗兰克法案》做了两件看似自相矛盾的事：第一件事，它对政府救助问题企业设置了更加严格的限制。这是因为人们认为危机爆发的根源在于政府救市。由于政府在 2008 年救助许多大公司，越来越多的民众认为，当再次爆发类似危机时，政府不会袖手旁观。为中和这种预期，该法案规定，除少数极端案例外，监管部门必须让大银行破产，同时美联储为单一公司（例如贝尔斯登和 AIG）提供贷款。第二件事，该法案规定，在遭遇类似雷曼破产等重大危机时，监管部门有权接管即将倒闭的公司，处理后续事宜。

鲍威尔表示，他十分希望 1991 年时，他也拥有这样的权力。在处理新英格兰银行危机时，他和他的同事们只有“两种不得已的选择……我们只能选择破坏力较小的那个”。《多德 - 弗兰克法案》为金融监管者提供第三条道路——通过为存款人和某些债权人提供保护，同时迫使股东承担损失，彻底解决陷入困境的金融机构。鲍威尔说 :“在我们当时的监管工具中，正好缺少这一件。”

这部法案要真正发挥作用，必须让所有人相信银行确实会破产，而且银行破产会大大减少危机造成的损失。在我和鲍威尔 2011 年发起的那场金融“战争游戏”中，那些扮演决策者的人利用《多德 - 弗兰克法案》成功关闭一家濒临破产的大型银行，同时没有造成系统性危机。这一结局虽然圆满，但毕竟来自模拟。在现实中，自由市场足以承担损失吗？他们这么做时会造成恐慌吗？政府会愿意置身事外，忍受短期混乱以避免更大危机吗？没有人知道答案，但他们已经迈出第一步。

FOOLPROOF

why safety can be dangerous and how danger makes us safe

第9章

保险不“保险”

股灾之源在哪里?

在所有金融创新中，保险对于提升人类幸福感的贡献最大。通过精确计算风险分担，每个投保人只需付出极小成本，就能应对死亡、疾病和其他意外灾难带来的财务危机。

保险公司喜欢将自己所在的行业比作“上帝的工作”。它们将资源聚集起来，用于救助遭遇不幸的社会成员。保险行业早期的一份手册这样写道：“虽然人类的痛苦和灾难丝毫未减……但人类的创新与合作能够缓和可怕的后果，减轻人类面对不确定性时的惶恐。”

在保险业发展初期，保险公司已经开始针对客户心理进行营销。在保险公司的广告中，很少提到概率或金钱，而是利用客户在保护亲密之人免遭不幸时所获得的满足感。2014 年，泰国人寿保险公司在一条广告中大打感情牌，收获南亚地区无数人的眼泪。广告中，一位年轻人做出许多善举——施舍乞讨的小女孩、喂食流浪狗、将盆栽移到有水源的地方……但他不期望任何回报。当被问到这么做的原因时，他回答道：“我见证了幸福，获得更深的人生领悟；我能够感受到爱，收获金钱买不到的东西。这让世界变得更加美好。”

然而为了盈利，保险公司不得不依靠客观的数据。首先，它所担保的风险事件发生概率是多少？投保人的死亡概率是多少？其次，各风险事件之间的相关度如何？某个人因传染性疾病而死亡，会增加他邻居的死亡风险吗？如果某人的房子被烧毁，其他房屋会受波及吗？

此外，保险公司还必须考虑两种人类行为：一是逆向选择——买保险的人可能更需要保险。例如，晚期癌症病人需要人寿保险，但对保险公司而言，他是一位风险很大的投保人。二是道德风险——投保人购买保险后，会更加放纵自己。保险公司不希望人们为了获得火险赔偿而烧掉自己的房子，也不希望购买汽车保险的人危险驾驶。

世界上最早的关于保险的文献资料，可追溯到《汉谟拉比法典》（*Hammurabi's Code*）[①]。该法典规定：“如果洪水或干旱使一个男人没有收成，就无须向雇主上缴玉米。他可以把写有欠债的石板浸入水中，免除当年的利息。”

人类已知最古老的商业契约，可追溯到 14 世纪。而将人类的道德风险和逆向选择等行为写入保险合同，则在更久以后。统计工具的欠缺及来自神学方面的反对意见，阻碍了这一进程。当时，事故、灾难和危险被视为神的旨意，人类没有能力阻止。

19 世纪，社会上出现更先进的统计工具，保险公司开始对各种风险加以区分。例如，它们要求人寿保险的投保人接受体检。“道德风险”一词，最早出现在 19 世纪 60 年代出版的《美国火险指导》（*The Practice of Fire Underwriting*）。该书为道德风险所下的定义是：“出于各种动机纵火烧毁财产，或者放任火灾毁坏财产所导致的危险。”

一直以来，道德风险都和是非标准紧密相关。19 世纪，父母送他们的孩子去做童工，有时候会为他们的孩子购买人寿保险。儿童保护者非常反感这种做法，他们警告说，这会引诱父母们忽视甚至谋杀他们的孩子。

---

①中东地区的古巴比伦国王汉谟拉比（约公元前 1792 —前 1750 年在位）颁布的法律汇编，是迄今世界上最早的一部较为完整地保存下来的成文法典。——译者注

20 世纪 60 年代，经济学家们开始研究道德风险。他们赋予道德风险一个更加中性的特征——激励措施的产物。如果保险减少从事风险活动的成本，人们就会更积极地冒险。这与我们在第 4 章中提到的“佩尔兹曼效应”很相似。事实上，道德风险和“佩尔兹曼效应”在本质上是一回事，不过在现实生活中，要证明道德风险的存在并不容易。汽车保险似乎会导致更多交通事故，但医疗保险却不会影响人们的生活方式。主要的挑战在于，保险鼓励人们做他们本来不会做的事情，而且这种鼓励被法律承认。

保险行业想出许多应对道德风险和逆向选择的方法。免赔额、自付率和最高保额的引入，使客户开始承担部分危险行为的成本。保险公司还会筛查客户的一些特殊情况。例如，保险公司要筛查人寿保险的投保人是否有重大疾病，汽车保险的投保人是否有交通违法行为。

这种模式的效果十分理想。保险业是个庞大的产业，以某些标准来衡量，它可说是全球规模最大的产业。在火灾、洪水、疾病、死亡、车祸、抢劫、残疾和其他可预见的意外事件上，美国人每年的投保金额高达一万亿美元，这还不包括数千亿美元的社会保险、医疗保险以及其他政府资助的保险。在金融领域，为应对违约或股价下跌等金融事件而购买的保险金额，也高达数万亿美元。这是一个“花钱买平安”的巨大市场。

然而，保险这个建立在概率基础上的行业，有时并不能给我们带来安全，反而会招致危险。这种情况通常会发生在一些极端事件中，例如毁灭性洪水、地震和金融危机。这时候，保险业将面对两大难题：情绪化的消费者与情绪化的保险公司。

沃顿商学院的风险专家霍华德·昆鲁斯曾说过，消费者受“灾难短视”的影响，无法评估小概率事件的风险。在 2001 年的一项实验报告中，昆鲁斯、内森·诺分斯齐（Nathan Novemsky）和丹尼尔·卡尼曼深刻证明了这一点。他们邀请几百位参与者考虑一个场景：一家位于新泽西州的化工厂，正在使用一种名为Syntox（一种虚构的药剂）的危险化学品。如果这种化学物质发生泄漏，就会产生致命的有毒烟雾。他们将参与者分成3个独立小组，并向他们展示附近居民因毒气泄漏死亡的3种概率——1 : 100 000、1 : 1 000 000和1 : 10 000 000。为了帮助参与者理解这些数字的意义，研究人员告知他们，正常人死于交通事故的概率是1 : 6000。然后，实验人员要求参与者说出对以下这句话的认同程度："化工厂为居住在该社区内的居民，带来了严重的健康与安全风险。"参与者的回答被转换成1 ～ 5个风险认知等级。测试结果显示，最高死亡概率和最低死亡概率的知悉者，在风险等级评估上并没有任何差异，他们几乎无法区分风险等级的高低。

于是，研究人员采用另一种方法来研究该问题。他们召集3组不同的测试者，并向他们分别出示3种不同保费金额：每年15美分/人、1.5美元/人和15美元/人。研究人员推测，由于大多数人都会按时支付保费，他们很容易把保费与风险联系起来，然而事实并非如此。这项实验表明，保费高低也不会影响投保人对风险的评估。

为了帮助调查对象了解事故发生概率和保险费，研究人员用风雪交加的科罗拉多州和阳光灿烂的亚利桑那州举例，以说明不同地区的事故风险和保险费不同。这一次，调查对象能够更好地判断化工厂造成的不同风险等级。研究人员发现，当调查对象处在具体的叙事情境时，他们能够更好地评估风险。对他们而言，那些不熟悉的事件的发生概率和保费太过抽象。的确如此，昆鲁斯也发现，面对罕见事件时，人们甚至都不愿花费时间和精力，去弄清楚它们发生的概率，以及应对和避免这些事件所需支付的保费成本。

人们对概率不敏感，促使他们购买保险的主要动力是情感。保险公司对此早已心知肚明。汽车租赁公司在向客户推销车损险时，会在客户脑海中虚构出一个清晰的撞车场景；零售商选择在电器销售点推销电器延长保修服务，是因为消费者会对新电视爱惜有加。昆鲁斯和他的同事们已经证明，人们在洪灾过后更愿意购买洪水保险，但几年后就会退保，即便“卡特里娜”飓风也无法改变人们这种“短视行为”。

保险市场是一个竞争市场，保险公司必须对保险产品准确定价。如果问题出在消费者身上，那么保险依然能够发挥作用，但以保险推销为生的人，不会关注小概率事件的承保问题，对他们而言，保单的销量多多益善。

1994 年北岭地震后，这一点变得更加清楚。那次地震给我们带来两大意外。第一个来自地理学。加利福尼亚州或许是全世界地震研究者最为关注的地区，但那次地震发生在一个此前未知的断层上，其造成的损失超出人们的想象。在数千座可抵抗地震横向振动的钢结构建筑上，焊接头全部失效。第二个与金融有关。尽管加利福尼亚州是著名的地震活跃区，但保险公司一直都是按惯例销售地震险，以“基准”地震等级和不同地震区的风险级别为标准来计算保费。然而北岭地震的索赔金额高达 125 亿美元，远超保险公司的想象。这相当于 1969—1994 年该地区保险公司保费收入的 4 倍。保险公司不得不抛售地震险保单，以应对加利福尼亚州的保险索赔。此后，许多保险公司干脆选择退出，留下的保险公司则大幅提高了保费和免赔额。

考虑到保险公司承受的亏损，这么做似乎合情合理，但实际情况并非如此。理论上说，保费应等于预期损失、管理成本和合理利润之和。举例来说，如果某个风险事件会造成 100 万美元损失，且该事件的发生概率为每年 0.01 次，则预期损失为一万美元，保费计算应将此考虑在内，但 1994 年北岭地震发生后，保费的计算方式发生变化，平均保费大幅上涨，从 1989 年预期损失的两倍，上涨至 1994 年的 7 倍多。

在进一步分析这些数据后，昆鲁斯发现，发生概率最低的事件保费涨幅最大，其保费与预期损失之比超过 25 倍。当保险公司提高某些城市已发生过的风险事件（例如地震）的保费时，他们也会一并提高那些未发生过的事件（例如飓风）的保费。需求增长无法解释保费的上涨，因为房屋业主购买的保险显著减少，而不是增多。

肯尼思·福鲁特（Kenneth Froot）指出，保险市场存在一个明显弱点。这一弱点解释了为何保险业在处理死亡、疾病和交通事故等个体事件时如此高效，处理地震、恐怖袭击和金融危机等系统性灾难时却令人失望。正如我们看到的那样，用于保护个人或单个公司的保险，有时会将其他人置于更危险的境地。

保险从业者或许会为自己只靠数据说话的客观而自豪，但在面对破产的前景时，他们也会像其他人一样恐惧。北岭地震让许多保险公司如梦初醒，发现原来的保单价格会让他们倾家荡产。这意味着，保险公司只能以看似不合理的价格来销售保险，只有著名投资大师沃伦·巴菲特旗下的一家保险公司例外。

北岭地震后，大批保险公司出局，致使保险服务短缺，进而威胁到美国房地产行业的发展。政府开始进入这一行业，成立加利福尼亚地震局（California Earthquake Authority）。私营保险公司负责制定保险政策、提供保险服务和资金，加州地震局则负责发放保险和承担风险。为了让保险公司在资金耗尽时也能继续支付理赔金，加州地震局出资 20 亿美元购买了再保险（当索赔额超出某个水平时，将由该保险公司负责理赔），同时还计划通过发行“巨灾债券”筹集 10 亿美元以上的资金。这在当时是一个十分新颖的想法。投资者购买巨灾债券后，每年可以收取利息，但如果发生地震，就无法取回本金。因此，这种债券的利率，取决于投资者对地震发生概率的预期。加州地震局需支付的利息很高，为 11% ~ 14%。

巴菲特旗下控股公司伯克希尔·哈撒韦（Berkshire Hathaway）的

一家子公司——国民保险公司恰在此时乘虚而入。人人都知道巴菲特是著名的投资大师，但他的大部分财富其实来自保险销售。他的保险哲学与投资哲学十分相似：比起预测未来走势，冷静评估风险并确保因承担风险而获得足够的回报更加重要。巴菲特喜欢购买能产生大量现金流的公司的股票，这正是他将价值 10 亿美元的再保险卖给加州，赚取每年 1.13 亿美元保费的原因。做出上述决策后，伯克希尔·哈撒韦公司的市值暴涨至 3 亿美元。

在分析这一交易时，福鲁特很快便发现其中奥妙。根据最佳估算，每年触发的再保险（发生一场足以吞掉加州地震局其他所有保险总额的大地震）为 1.7%，而国民保险公司的保费为保险金额的 10.75%。这意味着，在 4 年合同有效期内，伯克希尔·哈撒韦公司有 6.6% 的概率损失 6 亿美元，并为承担该项风险而获得 4 亿美元的保费收入。

伯克希尔的再保险业务为何如此赚钱？如果保费收入远高于合理损失，其他保险公司为何不去抢伯克希尔的生意？就本质而言，灾难无法预测，其造成的损失也常常会远超此前的最大估值。然而，处理这种不确定性正是再保险公司的生存之道。从税务筹划到低效的资本市场，经济学家可以用各种理论来解释保费与再保险公司实际成本间的巨大差距，但似乎没有一种理论给出的理由足够充分。在巴菲特完成这笔再保险交易后，真正的原因才显现出来：某些保险公司可能会被 6 亿美元的索赔压垮，但伯克希尔不会，这笔金额只占到伯克希尔公司账面价值的 3%。巴菲特解释说："如果爆发一场重大灾难，金融恐慌也可能会随之而来……在客户急需资金时，那些令人尊敬的再保险公司却有可能拿不出钱来……但是只要伯克希尔承诺做到，被保险人就会绝对相信它能够拿出钱来。"

换句话说，相比销售地震保险带来的亏损，保险公司更担心破产。如果一场毁灭性灾难消耗掉一家保险公司所有资本，索赔额达到历史最高值，那么该公司破产的命运也就无法避免。随着时间流逝，保险公司重新筹集资本，恐慌情绪逐渐平息，保费随之大幅降低。保险公司的经营模式不应是这样。保费设置应该基于未来灾难的风险水平，而不是灾难结束的时间长短，但是很显然，不仅是个人在应对灾难时会遇到困难，保险公司也一样。在灾难发生前，保险公司难以想象它们怎么会破产。

两位学者提到，20 世纪 90 年代末，他们在温哥华采访过一位保险公司经理。他们注意到，一场地震可能会造成 100 亿美元的损失，但保险业的理赔能力仅有 40 亿美元。这位销售过大量商业地震险的保险公司经理说：“如果我认为这里会发生地震，我就不会住在此地。”

并非所有保险公司都这样。在洛杉矶地震保险交易几年后，巴菲特公开宣布，购买巨灾债券的投资者太多，导致债券收益率大幅下降。巨灾保险的保费价格也随之下降。他表示将减少再保险的销售。

保险公司有时受恐慌情绪驱动，这并不代表保险公司不理性。通过简洁的数学计算，卡洛琳·考斯基和罗杰·库克（Roger Cooke）证明了这一点。库克是一名风险管理专家，也是考斯基在未来资源研究所的同事。首先，他们假设除了 1% 的最严重风险事件外，一家保险公司清楚知道自己对其他风险事件有足够偿付能力；然后，他们假设各风险事件之间相互独立，即一个客户遭遇风险，不会提高另一个客户遭遇风险的概率；最后，他们假设风险事件呈正态分布，即大多数灾难处于平均水平附近，极少数位于两端。以上述假设为前提，保险公司收取的保费只需要比预期损失高出 50%。换句话说，如果损失 100 万美元的概率是百万分之一，则预期损失为 1 美元，合理的保费是 1.5 美元。

后来，考斯基和库克做出调整。他们假设损失呈“肥尾效应”（Fat Tailed），即重大损失的发生概率高于正态分布；再假设各风险事件之间并不独立，即存在两件风险事件同时发生的可能；最后假设造成重大损失的事件经常会同时发生。如此一来，保险公司要确保不会破产，其保费就必须比预期损失高出 4 ～ 8 倍。这似乎就解释了巨灾保险市场中存在的现象。更重要的是，这也可以表明消费者的选择完全理性——他们没有选择购买巨灾保险，是因为保险价格远高于预期损失。

保险公司无力承保自然灾害，这也有助于解释金融危机的爆发。金融系统与保险有很多相似之处。它们都涉及风险管理。银行就是一个风险池，它们从众多存款人处吸收存款，然后再把资金做成许多笔贷款。这样一来，即使少数贷款发生违约，也不会威胁其他存款人的存款。

资本市场在更广的领域里发挥着同样的作用。一家公司通过发行股票和债券来分散风险。一旦该公司倒闭，风险将由债券持有人和股东共同分担，而不是由公司创始人独自承担。所有这类金融创新，都是为了让公司和创业者能够承受更大的风险，这对于整个社会很有益。他们通过冒险活动实现创新、创造产品，社会中的每个人都是这些创新和产品的受益者。

但是这也为我们带来另一个麻烦：合成谬误（Fallacy of Composition）。当人们认为对个人有利的事物，必然会对整个群体有利时，就会出现合成谬误。例如，一位观众站起来看电影会获得更好的视野，但如果所有观众都站起来，就会挡住银幕，影响每个人的观影体验。

与 MBS 及其衍生产品一样，金融创新鼓励个人、银行或公司从事冒险行为，然后将风险转嫁给其他人。当投资者或银行感觉更安全时，就会做出更加冒险的决策，进而提升整个金融系统的总体风险水平。如果各风险事件之间相互独立，这就不成问题。

人寿保险市场广阔，是因为投保人不会在同一时间全部死掉，让人寿保险公司瞬间破产，但是金融领域的风险往往互相关联，这种相关性会在极端情况下凸显出来。这意味着，针对风险再分配而设计的金融创新产品，会让整个金融系统变得更加不稳定。

20 世纪 70 年代以来，金融衍生品不再局限于为股票和债券提供信用担保。人们可以通过这些金融衍生品为各种风险事件投保。第一个重要的金融创新是远期交易，即买卖双方约定在未来以既定价格交易某物。

举例来说，一位农民与一家食品加工商约定，3 个月后以每蒲式耳[①] 5 美元的价格向其出售玉米。如果约定日的玉米交易价格为 4 美元，农民就能以高于市场价的价格卖出玉米；反之，如果约定日玉米价格为 6 美元，食品加工商就能以低于市场价的价格买到同等数量的玉米。这类交易有获利方和亏损方，但它并不是一种零和游戏，因为农民和加工商都获得了有价值的东西——3 个月后确定的玉米价格。这大大减轻双方规划未来的压力和难度。与远期交易类似的还有掉期交易，期货则是在交易所进行的远期交易。有证据显示，3000 年以前，人类社会就出现过类似远期交易的活动，而期货的历史可追溯到 19 世纪 40 年代。从 20 世纪 70 年代起，期货逐渐成为金融市场调控货币、利率等风险的重要工具。

另一项重大金融创新是期权。期权合约的持有者，拥有以约定价格购买或出售某种标的资产的权利。例如，一位农民购买一份期权合约后，就能够在约定时间以每蒲式耳 5 美元的价格出售玉米。如果玉米价格低至 4 美元，农民就躲过了价格下跌的风险；如果玉米价格上涨至 6 美元，他就能以 6 美元的价格卖出玉米。期权与传统的保险十分相似。期权卖方就相当于一家保险公司，为获得保费而承担市场下行的风险。期权历史可以追溯到 16 世纪，20 世纪 70 年代是股票期权、股指期权、利率期权和外汇期权的快速发展期。

---

① 1 蒲式耳相当于 36.37 升，该单位用于固体物质的体积测量。——译者注

通过期货、掉期和期权等金融工具，金融市场的参与者可以应对各种市场波动。金融市场本身的强波动性，赋予这些工具无限的应用可能性。

此外，这些工具还具有普通保险无法实现的功能。比如说，你不能为他人房屋投火险，但你可以为尚未持有的股票购买金融保险。不仅如此，购买普通保险，投保人获得的理赔金额一般不会高于投保金额，而这些金融产品不存在免赔额或自付率，购买者可以拿回所有投入的资金，有时甚至更多。

海恩·利兰德（Hayne Leland）是加州大学伯克利分校的教授，他是最早发现期权具有保险功能的人之一。20 世纪 70 年代中期，利兰德从事投资业务的兄弟告诉他，如果金融市场能提供某种应对股价暴跌的工具，或许可以吸引养老基金重新进入股市。这部分基金在 1973—1974 年熊市期间抛掉股票，又错过随后的反弹机会。

那时，期权还是一个新生事物。利兰德突然想到，可以用期权来提供某种形式的保险，但是普通保险只针对不具相关性的风险事件，如火灾和死亡，而各种股票之间高度相关，总体上具有同时上涨或下跌的倾向。这意味着这类保险无法通过对上涨的股票收取保费来弥补下跌股票造成的损失。利兰德需要找到一种方法，抵御整个市场的涨跌。

在这段时间里，学院派经济学家迈伦·斯科尔斯（Myron Scholes）和费希尔·布莱克（Fischer Black）设计了一个公式，以评估期权价值。该公式包括几个要素：资产的现价、期权执行价、期权到期日、利率和波动率。这些要素可以帮助交易者确定，他们需要支付多少权利金给期权卖方。当反向倒推这一公式时，交易者可以在知道权利金的情况下，推算出股票波动性。

期权交易商可以利用这一公式进行对冲操作。如果他们承诺无论股价下跌多少，都会以约定价格购买某只股票，他们就可以做空部分该股票（随着股价下跌，空头仓位价值上涨）。当股价下跌后，投资者执行期权的可能性会大大增加，他们就会做空更多股票。这种做空股票的方式，可以弥补投资者执行期权合约所带来的成本。

利兰德对期权了解有限，但他在加州大学伯克利分校的同事、金融学教授马克·鲁宾斯坦（Mark Rubinstein）在太平洋证券交易所做过期权交易。两人在推导后得出结论，市场下跌时，股票持有者可以把股票换成国债来对冲风险，等市场回升后再买回股票。1980 年，约翰·奥布莱恩（John O' Brien）也加入进来一起推广这一技术，3 人在 1981 年创立 LOR 公司。

随着投资组合保险的流行，他们从利用国债和股票，转向利用股指期货来对冲风险。股指期货追踪标普 500 等流行指数的涨跌。早期的批评声音认为，投资组合保险的确能限制亏损，但也会降低投资收益，正如购买传统保险必须承担高额保费一样。对此，LOR 公司这样回应道：只要把资金从低收益的现金和债券取出，投向“进取型”的资产（股票等），就可以让养老基金、教育基金和捐赠基金的回报率提升两个百分点。

这种保险在市场上的热度逐渐升温。布兰迪委员会后来发现，与没有购买投资组合保险的基金相比，购买这一保险的基金配置股票的比例更高：“许多投资者感觉安全有保障后，就敢去冒更大风险，在平时可接受的风险水平上加大股票的配置比例。”1987 年 10 月股市崩盘前夕，投资组合保险所承保的股票资产已高达 600 亿～ 900 亿美元。在接受调查的 80 只养老基金中，有 11 只养老基金购买投资组合保险。这种保险的流行，让投资者更热衷于持有股票，从而在 1987 年的前 7 个月里推动股价上涨 44%。

投资组合保险（其实是所有的金融期权）包含一种潜在的负面反馈机制。当一只股票价格下跌时，任何一个卖出该投资组合保险的交易商都会卖出部分股票。这一策略取决于股票的流动性是否充足，即有多少买方和卖方愿意以特定价格进行交易。只要他卖出的股票仅占总量的一小部分，这一策略就有效。然而，流动性陷阱就是合成谬误的一个典型例子。

凯恩斯在《就业、利息和货币通论》中指出："就整个社会而言，根本没有投资流动性一说。"卖出量如果超过可用流动性，就会迫使价格下跌，加剧初始的下降趋势。只有在投资组合保险规模很小时，它才能发挥作用。随着其规模不断扩大，就会出现合成谬误，导致采用投资组合保险策略的投资者无法避免市场波动。

1987 年股灾爆发的原因众说纷纭。有人说，是受到贸易逆差持续攀升的消息影响，也有人说是因为拟推出的税法将对杠杆收购进行惩罚。无论如何，一旦市场开始下跌，投资组合保险就会要求投资者卖出股指期货，进一步加剧股市跌幅。

在所有股指期货卖单中，有 40% 来自出售投资组合保险的公司。人们认为股票指数和股指期货紧密相关。在将两个市场联系在一起的同时，套利者可以买进期货，卖出股票，赚取丰厚的无风险收益，但是用于执行股票交易指令的系统跟不上。

股票的交易量，导致两个市场无法同步。此外，期货持续下跌向潜在买家释放出一种信号,即整个市场或许将跟随期货一起下跌。因此，他们不会在这时买进。换句话说，许多投资者都从价格水平来获得交易线索，投资组合保险公司的卖出行为影响的远远不只是即时价格。

最后的结果是，期货与股票完全脱节。1987 年 10 月 20 日某时的股指期货显示，道琼斯指数应该比当天的实际收盘指数低 19%。在用保险抵御金融灾难这一方面，那次股灾给人们上了深刻的一课：在只有少数人购买时，投资组合保险才有效。如果人人都去买这类保险，只会加剧金融灾难，甚至威胁整个金融系统的安全。

和高盛做交易很危险

1994 年，摩根大通开发出信用违约掉期（CDS）。这项金融产品所制造的麻烦，使上述观点更加令人信服。吉莉安 · 泰德（Gillian Tett）在《愚人的黄金》（*Fool's Gold*）一书中提到，埃克森石油公司（现名埃克森美孚）需要一笔 48 亿美元的信贷额度，用于支付对“埃克森·瓦尔德兹”号油船污染事故的罚款。摩根大通很难一次性借给它这么多钱，但也不愿放弃这笔交易。于是，摩根大通找到欧洲复兴开发银行，希望通过支付一笔费用，让欧洲复兴开发银行来承担这笔贷款的信用风险。换句话说，这笔贷款虽然记在摩根大通的账面上，但信用违约的风险却不由摩根大通承担。

借助摩根大通强大的营销能力，CDS 开始流行。银行及其监管部门看到 CDS 巨大的潜在价值：如果银行能够采用 CDS 来降低违约风险，就能提高自身的抗风险能力，增强放贷能力。20 世纪 90 年代，欧洲监管部门减少对银行的资本储备要求，前提是银行要通过购买保险将贷款违约风险转移出去，这使 CDS 实现正规化。通过这一工具，AIG 看到自身的优势。在各类灾难保险方面，AIG 拥有丰富的经验，现在它可以为欧洲各银行提供保险，应对客户违约。CDS 最初用于担保企业贷款，后来逐渐为 MBS 提供保险，最后成为一种针对 MBS 的投机工具，并且这种投机完全不考虑卖方是否持有 MBS。

洪水保险和地震保险的出现，吸引更多人到洪水和地震高发区生活。与此类似，为市场波动承保的保险，让更多投资者涌进这些市场。这些保险间接提高了危机发生的概率，并加剧危机的破坏程度。投资组合保险带来 1987 年股灾，CDS 引发 MBS 灾难。

在前面的章节中我们谈到，AIG 认为，为拥有最高信用评级的 MBS 提供担保的风险非常小。然而，正因为 AIG（以及其他保险公司）

销售的这种保险鼓励了更多人进行高风险的投资，从而导致先前的假设出错。

与巨灾风险一样，如果住房市场或抵押市场长时间没有大跌，保险公司就会愿意以较低的价格出售相关保险。而投资者购买这种保险后会更热衷于冒险。他们只需持有 MBS，或者是买卖一种 CDS（如果 MBS 发生违约就要支付），就能参与这场游戏（CDS 的持有者无须拥有标的资产）。到 2007 年中期，CDS 覆盖的债务高达 45 万亿美元。仅 AIG 一家公司，就已销售 5000 多亿美元的 CDS 产品。就好像销售地震保险一样，由于 AIG 和其他保险公司从未想过会真正发生地震，它们把保险的售价定得很低，进而刺激了更多人购买 CDS。

如何躲避灾难袭击？畅销书作家、前衍生品交易员纳西姆·尼古拉斯·塔勒布（Nassim Nicholas Taleb）认为，人们应该"从不确定性中获益"。他用这个来描述那些"处于波动、随机、失序和压力环境下还能成长和发展的人或事物"。许多金融合约在设计之初，就是为了从市场波动中获益。当市场的波动加剧或者违约事件增加时，期权和 CDS 的价都会上涨。

期权、CDS 以及保单持有者的盈利，都来自卖方的亏损。如果有足够多的投资者购买这些保单，一旦系统性危机爆发，就会让保险公司倾家荡产。**购买这类保险单的人越多，灾难爆发时他们受到的保护越少**。这意味着，不是每个人都能"从不确定性中获益"。塔勒布说："当风险从微观走向宏观时，保险交易就好像是一个身处'泰坦尼克号'上的人，向另一个也在'泰坦尼克号'上的人购买保险。"换言之，特殊的微观风险适合保险，而系统性的宏观风险不适合保险。

多年来，精明的风险管理为高盛公司赢得良好声誉，这家公司成功将"从不确定性中获益"运用在经营之中。当大批公司倒下时，它依然蓬勃发展。2009 年，猪流感引发公众恐慌。在众多企业中，唯有高盛公司与许多大型医院在同一时间提供疫苗（该公司说，只是为高风险员工提供疫苗）。2012年，当飓风“桑迪”席卷下曼哈顿大部分地区时，高盛公司位于市中心的总部入口处依然保持干燥，因为在风暴到来的几天前，该公司已经用沙袋堆起一道挡水墙。

高盛下定决心，要平安度过所有金融风暴，包括足以让任何一家银行倒闭的系统性危机。贝尔斯登的破产遭遇告诉我们，如果贷款人同时抽走贷款，客户取出所有存款，即使是一家原本运转正常的公司也会出问题。高盛曾信心满满地宣称，它不会遭遇这样的厄运。如果仔细研究高盛的资产负债表，你会发现一个名为“全球核心剩余流动性”（Global Core Excess）的条目。

这个条目中包含政府债券、隔夜现金存款等高安全等级、强流动性的证券。在紧急情况下，高盛可以迅速卖出这些证券。高盛对此的解释是：“流动性危机爆发的开头几天或几周，决定着一家公司的生死存亡……为了准备好危机中所需的流动性，我们持有的可自由支配证券一直高出企业正常经营所需的水平。”

2007年，高盛的“全球核心剩余流动性”高达610亿美元。正是这笔钱让高盛没有像贝尔斯登一样，倒在客户的挤兑之下。2014年，高盛的应急储备资金达到惊人的1830亿美元。从高盛的角度来看，这样的风险管理无可非议，但对整个金融系统而言却是一个问题。安全级别超高的流动证券供应量有限。在高盛的大量持有后，其他人只能选择购买风险等级更高的证券。换句话说，如果只有高盛这么做，那这个策略有效，但如果所有人都这么做，这个策略就没用。

高盛用类似的方式渡过次贷危机。作为次贷热潮中的重要玩家，高盛分别于2006年和2007年发行1000亿美元的MBS和相关的债务支持证券。2006年末，高盛决定削减风险敞口。2007年初，高盛转而持有空头头寸——当MBS下跌时，其持有的空头头寸就会上涨。

次贷危机发生的几年前，高盛和其他几家银行发现抵押信贷市场存在一个问题。当投资者持有大量股票头寸，可以用期权或期货合约对冲风险，减少股市崩盘带来的亏损，但是在次级抵押贷款中却没有类似工具，投资者唯一的自保方式就是卖掉它们。因此，在2006年年初，高盛及其他银行合作成立一家名为Markit的公司。这家公司通过编制次贷衍生债券综合指数（ABX），追踪抵押贷款组合的CDS。根据ABX指数的指示，高盛选择转换MBS头寸。在了解事件的发展过程后，你很难不去佩服这家公司的远见——在危机爆发前购买保险，同时又会同情接受高盛投保的公司。

ABX指数面临着一个难题。正如股指期货的标的是股票，ABX指数代表的则是实际的抵押贷款。MBS的换手率并不太高，并且随着2007年和2008年情况的日益恶化，MBS的换手率进一步降低。于是其价值的主要指标不再是抵押贷款本身，而是ABX指数。虽然证券衍生品在理论上可以和真实的证券相互印证，但两者实际上存在背离。1987年股灾爆发时，投资组合保险公司的大量抛售，使股指期货完全背离股票的实际价值。2007年和2008年，ABX指数完全与标的抵押贷款彻底脱节。

高盛曾经为价值230亿美元的MBS和债务抵押债券向AIG购买保险。2007年和2008年，高盛先后两次要求AIG提供抵押品，因为它认为上述证券的价值已经足够低，这就好比当你的股价下跌时，你的经纪人要求你向保证金账户追加现金一样。高盛很大程度上是根据ABX指数来提出这一要求的。AIG认为高盛把标的证券的价格估得太低，只向高盛支付了一部分抵押品。

高盛采用ABX指数的做法符合逻辑，但这并不意味着ABX正确。2011年，加利福尼亚大学伯克利分校的两位教授南希·华莱士（Nancy Wallace）和理查德·斯坦顿（Richard Stanton）对ABX指数进行研究。

他们发现，2009 年 6 月，该指数的价格显示，100% 的标的贷款将发生违约，但实际违约的贷款只有 20% 左右。他们抨击这一现象的理由，与 1996 年地震险价格暴涨遭受抨击时一样——定价没有依据风险事件的发生概率，而是基于公司可能破产的恐惧。

到 2008 年 6 月，AIG 已经陷入深深的绝望。高盛和其他公司纷纷要求 AIG 拿出现金，用来担保 MBS 可能发生的违约。AIG 不认为这些衍生品真会发生违约，但是这不重要。AIG 的客户仍然会拿着 ABX 指数，要求它提供现金抵押，以确保即使 AIG 破产，他们也能拿回自己的钱。随着时间的推移，客户要求的现金抵押越来越多，到 9 月 16 日，AIG 已经无法满足他们的要求，只好将 79.9% 的股权出售给美国财政部，以换取所需的救助资金。

高盛很清楚 AIG 可能会有麻烦，它的企业文化促使它为这一风险事件投保。高盛选择购买 CDS——如果 AIG 发生违约，高盛将获得赔偿。高盛曾宣称，即便美联储拒绝救助 AIG，高盛也不会受到影响。然而，只要看看是谁向高盛提供保险，你就会发现上述声明有问题。2008 年 9 月 15 日，AIG 拿到救助资金的前一天，高盛为应对 AIG 违约投了 17 亿美元的保险，但其中有 1.7 亿美元保险是由恰在当天宣布破产的雷曼兄弟所提供，4.02 亿美元来自花旗集团，后者在两个月后成为救助对象。在一个被金融地震搅得脆弱不堪的世界，高盛能否真正得到这些资金令人怀疑。

2007—2008 年，高盛的风险管理策略向外界传递出一个信号：如果只有高盛一家公司采取这种策略，那这种风险管理策略有效；但是如果大量公司都去为金融衍生品购买保险，一旦出现危机，保险公司就会被压垮。事实上，如果不是联邦政府出手干预，这样的局面早已出现。北岭地震、1987 年股灾和 2008 年次贷危机给人们的教训是：任何一个系统在巨大灾难面前，都难以自保。

系统性危机之痛

过去几十年，这一类的自然和人为风险事件越来越多。在“9·11”恐怖袭击后，巴菲特发现，即便最具实力的保险公司也存在局限性。

“9·11”事件发生前，恐怖袭击事件十分罕见，保险公司从来也不会计算这类事件的发生概率，只是把它们纳入一般财产和责任保险的范围。“9·11”事件发生后，保险公司总共为此支付325亿美元的保险理赔金。与北岭地震发生后的做法一样，保险公司要么撤回保单，要么提高保单价格，为客户购买保险增加难度。“9·11”事件前，芝加哥市花费12.5万美元，为奥黑尔国际机场和芝加哥中途国际机场购买保额为7.5亿美元的战争险和恐怖袭击险。“9·11”事件发生后，这一保单被撤回，而该市要为1.5亿美元的保单支付700万美元保费。

通用再保险公司是沃伦·巴菲特旗下的一家公司，也是风险敞口最大的保险公司之一。巴菲特后来表示，通用再保险公司违背了他的一个基本原则：它承担过多风险，却没收到足够的保费。整个保险业只考虑已知风险的成本，如风暴、火灾、爆炸和地震等。巴菲特坦言：“保险业的所有从业人员都犯了一个根本性错误，那就是过于依赖过往经验，而未顾及真正暴露的风险，其结果就是我们在为恐怖袭击承担风险，却没有收取足额保费。”

巴菲特再次警告，保险业无力承担部分恐怖袭击的风险。“没有人知道今年会不会有哪个大城市遭到核袭击，也没有人知道是否有致命物质进入（比如经由通风系统）各大写字楼或工厂。而且，反恐战争永远没有终结。”巴菲特认为，恐怖袭击“最坏”的情况，可能会造成一万亿美元损失，只有美国政府才能平复这一损失。

持类似看法的不止巴菲特一人。一项调查显示，对恐怖袭击可能造成的死亡人数，民众观点不一，范围在33～35 000人之间。2002年，联邦政府成为恐怖袭击的官方再保险机构。在法国、德国、英国和以色列，政府也是恐怖袭击事件的再保险人。美国各州相继加入这一阵营，佛罗里达州和加利福尼亚州分别为飓风和地震提供再保险。

联邦政府担任最终保险人并非新鲜事。自 20 世纪 30 年代以来，联邦政府一直肩负保护公众免受各种灾难威胁的责任。1935 年，《社会保险法》（*Social Security Act*）获得通过，该法案经罗斯福总统签字后正式生效。他表示：“虽然无法让民众远离所有危险，但是我们一直尝试在法律框架下，为普通市民和他们的家庭提供一些保护，让他们远离失业和贫困。”不久后，失业保险诞生。

1956 年，伤残保险应运而生。1965 年，政府推出医疗保险和医疗补助计划，为老年人和低收入者提供公共健康保险。2010 年，美国政府通过针对近贫阶层的《平价医疗法案》（*Affordable Care Act*）。如今，联邦保险的覆盖范围已延伸到私人养老金、农作物受损、洪水、抵押贷款违约和银行存款等众多领域。这还不包括非正式保险，比如联邦政府向遭受洪水、暴风雪或地震的州市提供救灾资金，或者是其出手救助金融系统，而不是任其崩溃。

不过，保险不是免费的，最终还得有人来支付这些理赔金：年轻人、健康人、富裕人士和其他有偿付能力的人，需要补贴老年人、患病者、贫困人群以及破产者。然而，在这些政府保险中，少不了会出现道德风险。金融危机后，各国政府最关注的问题，就是如何消除政府救助措施在投资者当中酝酿的道德风险。

各国担心政府救助会纵容甚至鼓励那些引发危机的冒险行为，埋下下一轮金融危机的隐患。因此，政府想尽办法，确保所有人必须付出高昂代价才能享受保险。例如，银行必须持有高度流动性的证券，这样一来，下一次出借方突然抽离资金时，银行就不用去找美联储借钱（2008—2009 年，美联储借给银行的资金超过 4000 亿美元）。银行必须像高盛一样，在其资产负债表中新增一个“全球核心剩余流动性”的条目。

这些规定乍听起来似乎很合理，但请再多思考一下：假设你刚从一列深夜抵达的列车上下来，发现还有一辆在等客的出租车，你长舒一口气，觉得自己运气不错，但出租车司机告诉你，政府规定车站必须停着至少一辆出租车；同样，如果政府要求银行持有大量流动资产，当市场需要钱时，银行拿不出钱来。政府要求银行保证流动性，旨在降低危机发生概率；但是当危机发生时，这样的要求只会让结果更糟——各公司四处借钱，却发现钱越来越难借到。

政府必须承认，让保险公司来承担灾难事件的风险，并由其负责理赔支付才更合理。如果政策制定者坚持以低于精算值的价格出售保险，就必然会出现亏损。市场经常会给出错误定价。

> 20世纪60年代末，美国多个城市发生骚乱，保险公司不得不停止销售财产保险。于是联邦政府引入“骚乱再保险”(Riot Reinsurance)，为无力购买商业保险的房屋业主提供再保险服务。不过，内乱并未如人们想象的那么严重，该计划仅为财政部带来微弱利润，最终因私人保险公司参与不足而被迫中断。然而，财政部推出的“问题资产救助计划”普遍不被看好，最终却盈利150亿美元。美联储推出的保险计划盈利情况与此类似。

但是这些都不代表联邦政府想要介入保险行业。正如巴菲特所说，在保险行业，要几年以后才能看出当初的定价是否合理，所有的意外都令人不快。

尽管如此，保险还是带给人们许多无法用金钱衡量的好处——内心的平静。有一个案例正说明这一点，它与政府资助的健康保险有关。

2008 年，俄勒冈州决定对处于贫困线以下的成人重新开放一个扩大的医疗补助计划，但该州的财力只够支持一万人参加。于是，州政府决定在 9 万名申请者中举行抽签，抽中者即可获得参与该计划的资格。

在一档深夜电视节目中，麻省理工学院的经济学家艾米 · 芬克尔斯坦（Amy Finkelstein）首次听说该计划。芬克尔斯坦有幸参与这一自然状态下进行的实验，其内容是投保者与未投保者健康状况的比较。她和团队成员花费两年时间，对 1.2 万个参与抽签的人进行追踪，其中一半人获得参加该计划的资格，另一半人则没有。让人意外的是，是否享受保险似乎对他们的健康状况没有影响。享受医疗补助计划的人看病次数更多，医疗账单费用也更高，但这并未影响他们的血压、胆固醇或糖化血红蛋白水平（糖尿病的指标之一）。只有一种疾病例外，在享有医疗补助计划的人当中，抑郁症的发病率明显下降。

这一发现令人十分意外，芬克尔斯坦也不知该如何解释。她一向主张用数据说话，但在这个案例中，她只得求助于被调查者的主观表述。参保人员大多声称，他们的焦虑减少，压力也下降。芬克尔斯坦认为，焦虑和抑郁并不是一回事。我问芬克尔斯坦：“如果参保者知道下一场疾病不会夺去自己的生命，他们抑郁的概率是否降低？”“这很难量化，但的确是个相当合理的解释。”她回答道。

保险可以提高人们的幸福感这一说法，并非空穴来风。通过一系列实验，以色列心理学家奥里特 · E. 提科辛斯基（Orit E. Tykocinski）研究了保险会否影响人类对于危险的感知。在其中一项实验中，研究人员让每天坐火车上下班的乘客回答两个问题：(1) 是否已购买医疗保险；(2) 估计未来 5 年遭遇各种不幸的概率。这些乘客被平均分成两组，甲组先答问题 (1)，再答问题 (2)，乙组的答题顺序相反。所有受访者都有购买保险（以色列的医疗保险覆盖全民），但甲组受访者大多认为自己未来 5 年内患病的可能性很小。

在另一项实验中，调查者通过电话询问受访者两个问题：(1) 是否拥有防毒面具；(2) 未来 3 年内伊朗使用非常规武器袭击以色列的可能性。这些受访者同样被平均分成两组，操作方法与前一个实验相同。结果是，先被问及是否有防毒面具的受访者中，大多认为他们遭遇袭击事件的可能性较低。事实上，以色列国防部曾在 2010 年向所有国民发放过防毒面具。正如提科辛斯基所指出，是否拥有防毒面具本不应影响个人对袭击可能性的判断，但防毒面具就像医疗保险一样，让受访者想到它就会感觉更安全，从而影响他们对危险的感知。

遗憾的是，我们并没有证据证明存款保险会影响银行客户幸福感。很难找到一个人因为联邦政府在 2008 年救助众多银行而增加幸福感，更不用说安全感。政府作为最终保险人的好处难以量化，但很重要。毫无疑问，联邦政府的这一角色会引发道德风险，也会鼓励某些愚蠢的冒险行为，但它保护了企业和个人，使他们免受骚乱、恐怖袭击和金融危机的影响，并愿意为追求更好的生活而承担风险。

FOOLPROOF

why safety can be dangerous and how danger makes us safe

第10章

航空业的隐秘自白

高空奇迹：英航 009 号航班事故

如果经常乘坐飞机出行，至少要了解两件与航空领域有关的事情：一是航空领域危机四伏，机械故障、飞行员操作失误、恶劣天气或者恐怖袭击都有可能造成空难；二是这类事件发生概率极小，乘飞机出行的安全性很高。

美国联邦航空管理局的资深安全专家唐·阿伦特（Don Arendt）曾对我说：“坐在一个铝制管状物中，在臭氧层游荡，外面约为零下 51 摄氏度，人类根本无法呼吸。这绝不是什么安全的事情，但我们每天有数百万架次航班在全球各地起降，将人们送往世界各个角落。”

这是一项了不起的成就。在其他领域，我们很少做得这么好。值得思考的是，如果航空业可以做到，为什么其他领域做不到（譬如金融领域）？让我们从英国航空公司 009 号航班的恐怖经历说起。

1982 年 6 月 24 日，当地时间晚上 8 时左右，009 号航班从吉隆坡起飞。除机组人员外，机上共有 263 名乘客。几个小时后，当这架航班飞临印度尼西亚爪哇岛附近时，乘客和机组人员发现客舱中弥漫着硫黄味的烟雾。就在这时，一台发动机开始喘振[①]，紧接着其他发动

---

①发动机喘振是气流沿压气机轴线方向发生的低频率、高振幅的振荡现象。长期的喘振会加速压气机内部零件的疲劳并快速扩大已有的裂纹。严重者可能导致引擎出现不可修复的损毁甚至爆炸。——译者注

机也出现类似状况，之后它们一起熄火。009 号航班在印度洋上空 7 英里的高度完全失去动力。“求救，求救，求救！”机组人员通过无线电向雅加达空管报告，“4 台引擎全部熄火。”

事后，一位名叫贝蒂·图特尔（Betty Tootell）的乘客在回忆录中写道：“客舱内，有人在祈祷，有人在哭泣，还有人彼此安慰着，他们在为逃生或死亡做着准备。”当飞机下降至 3000 英尺高度时，所有人都认定他们将坠入印度洋。

忽然间，一台发动机重新恢复运转，很快其他 3 台发动机也发动起来，飞机继续飞往雅加达。在飞机即将降落的时候，机组人员发现飞机的挡风玻璃被刮花。他们只好通过玻璃上的细缝观察跑道，用肉眼判断高度，操控飞机降落。

检查飞机后，雅加达的调查人员认为，009 号航班飞进了当晚加隆贡火山喷出的火山灰中。火山灰由许多尖锐、细小的碎片组成，里面的长石、辉石和石英等物质划伤飞机的挡风玻璃、灯罩、机身和机翼。这些物质被喷气式发动机喷出的超高温气体加热，覆盖在飞机的燃油喷嘴、燃烧室和涡轮叶片上，使空气无法通过发动机，导致发动机喘振、熄火，最终造成飞机失速。

009 号航班的奇迹生还引还起公众广泛关注，机组成员获得荣誉勋章。这次事件后来还被拍成纪录片。同时，它开启一项紧急任务，那就是避免类似事故再次发生。在 1989 年阿拉斯加堡垒火山喷发和 1992 年菲律宾皮纳图博火山喷发的刺激下，全球监管机构开始收集各种对付火山灰的建议。

2001 年，航空业的全球管理机构——国际民航组织（ICAO）宣布：“目前，对于多高的火山灰浓度会伤害喷气式飞机的引擎，我们尚未达成共识……鉴于此，我们建议，不管遇到何种浓度的火山灰，躲避、躲避、躲避。”

2010 年 4 月 14 日，冰岛埃亚菲亚德拉冰盖火山喷发。这次火山喷发的规模并不大，但这座火山的位置使它喷发的火山灰扩散到世界上最繁忙的民航空域——北大西洋和整个欧洲上空。10 年未曾使用过的 ICAO 建议发挥作用，20 多个国家的航空监管部门关闭 300 座机场，同时取消 10 万个航班，1000 万乘客被迫滞留。

这是二战以来欧洲最大规模的停飞事件，代价惊人：由于空运零件不足，宝马和尼桑暂停德国、日本和美国工厂的汽车生产；由于欧洲四分之三的鲜花进口靠航空运输，拉丁美洲和非洲几千花农的就业或薪酬受到航线中断的影响；大量乘客要么取消出行计划，要么更改或推迟行程，为此耽误掉的时间总计达 8000 年。空中客车公司进行的一项调查显示，这次事件对全球经济造成的损失达 47 亿美元。

关闭航线取得预期效果——未发生飞机失事和人员伤亡事件。迄今为止，不曾发生因商用喷气飞机遭遇火山灰而造成的坠机事故。航空公司及其监管部门愿意为此承担高昂成本。然而，为了避免火山灰引起的小概率空难，牺牲整个欧洲的经济活动，似乎有些反应过头，但如果这样做能够让乘客信任整个航空业，这一代价就很值得。“极度重视安全问题，是航空业赢得赞誉的重要原因。从这个意义上说，停飞是一个理性的决定。”阿诺德·巴奈特（Arnold Barnett）如此说道。

巴奈特是全球航空安全统计方面的权威人物。在很长一段时间里，他都很害怕坐飞机。在一个大风天，我在波士顿洛根机场见到了他。时年 67 岁的巴奈特身材高大，顶着一头杂乱稀疏的红褐色头发。我们一起步行前往位于洛根机场外郊区的“9·11”事件的纪念碑。这是一个很显眼的玻璃立方体，上面刻着从洛根机场起飞后，被恐怖分子劫持的所有乘客和机组人员的名字。那次恐怖袭击事件为巴奈特带来大量业务。他提供的服务包括计算炸弹被当作行李走私入境的可能性，还有减少这类风险的最有效方式等。步行途中，巴奈特告诉我他为何选择这个专业。他向我保证，这绝不是因为童年时期对飞行的痴迷。

巴奈特在布鲁克林长大，与大多数 20 世纪 60 年代的人一样，他很少看到飞机。唯一一次听说与飞机有关的消息，就是空难。直到 1967 年，他才第一次乘坐飞机。那时他 19 岁，这次出行有点不太吉利。那天早上，《纽约时报》刊登一篇有关印第安纳州一架飞机发生撞机的报道。当他乘坐的飞机滑出登机口时，巴奈特心想："还没那么糟糕。"当飞机加速起飞时，他开始感觉到焦虑。有那么几年，飞行对于巴奈特而言，真不是什么愉快的经历。在计划飞行日期到来的前两天，他就会变得焦虑。如果出发当日天气不好，他的焦虑感便会加剧。

巴奈特早前从事数学研究，并以应用概率学家（Applied Probabilist）的身份进入麻省理工学院任教。他主要研究如何用数学和概率学法则解决公共政策问题。他发现，概率学研究既充满挑战，又轻松愉快。对概率学的兴趣，为巴奈特提供了一个克服飞行恐惧的方法，因为他可以研究飞行到底有多危险。只要说到航空安全，就会提到概率，但巴奈特认为这不对。如果一家航空公司发生过两起空难，而另一家航空公司只发生过一起空难，人们就会说前者比后者危险一倍。事实上，这根本无法揭示出其内在安全性。在特定年份，公众总喜欢过度解读特定航空公司发生的空难次数，就好像这能代表一种趋势。而实际上，这只不过是一种随机概率现象。

除此之外，巴奈特还很讨厌使用关于死亡率的统计数据。同样一起空难，一架满员的飞机，其死亡率是只装有一半乘客的飞机的两倍，但它们的安全性一样。在航空业繁荣发展的时期，大多数航班都是满员状态，即便空难事故率不变，死亡率也会上升。此外，还有一种说法被反复提及，即在每英里旅程中，飞机的安全度要高于汽车。巴奈特指出，这一说法忽略一个事实——并非每英里的飞行都同样安全。空难事故多发生在起飞和着陆阶段，巡航期间发生事故非常少见。在短程飞行中，飞机起飞降落的用时在整个飞行中占据更高比例，从而导致每英里的事故率上升。与此相反，在整个汽车旅程中，事故率并不会发生太大变化。他总结道，这意味着在驾车旅行的某些时刻，汽车的安全性比飞机高。最后，巴奈特通过计算发现，当旅程距离小于150 英里时，汽车要比飞机更加安全。

对业内反复提及的那些安慰人的数字，巴奈特起初也怀有疑问。那时，他知道飞行死亡概率为 1 : 200 000，但假如你每周都要乘坐一次往返航班，30 年后，你乘坐飞机的死亡概率将会上升至 1 : 67。“仔细思考一下你就会发现，看似让人放心的统计数据，其实并不会让人感到安慰。”

为了获得权威的统计数据，巴奈特在没有任何外部资金支持的情况下，开启了四处搜集航班数量、飞行里程、载客量等航空信息的艰难历程。出乎他的意料，他发现飞机旅行确实很安全，而且安全度还在不断提高。以下就是他的一些发现 ：

1. 根据汽车事故数量和飞行风险来测算，平均而言，美国人一生中死于车祸的概率是死于空难概率的 1330 倍。

2. 一个美国人乘坐飞机前往其他城市医院就诊时，因医院误诊导致的死亡风险比飞行途中死亡的风险高出 2 万倍。

3. 一位马萨诸塞州居民中得百万美元大奖的概率，是其死于下一次空难的概率的 2.5 倍。

4. 一个在机场候机的美国儿童长大后当上总统的概率，与其在当天的空难事故中遇难的概率相同。

借助这些发现，巴奈特终于摆脱对飞行的恐惧和焦虑。巴奈特还用他的研究来缓解同样恐惧飞行的朋友、同事和其他旅客的焦虑情绪。

将死亡几率比喻成中彩票并不会让人觉得安慰："人们买彩票时都希望中奖。"巴奈特想到一种更好的表述："如果你每天坐一次飞机，周六、周日、假日……你要连续飞行 2.8 万年才会遭遇一次空难。"这一表述会让人们大感意外，他们会想："我根本活不到 2.8 万岁。"人们开始放下心来。由此，我明白一件事：**人们对于统计数据的反应，取决于数据呈现的方式**。

西方国家的人往往有这样一种想法，乘坐发展中国家航空公司运营的飞机更加危险。然而，除了那些极度贫穷的国家外，这一说法并不准确。巴奈特搜集的数据显示，捷克、中国和巴西等中等收入国家的空难死亡概率为 1 : 16 000 000，与发达国家 1 : 18 300 000 的空难死亡概率相差不大。2013 年，韩亚航空公司的一架航班紧急迫降，造成 3 人死亡。媒体针对该事件大肆报道，焦点集中于韩国文化是否会妨碍驾驶舱内的正常通信，但巴奈特指出，在此前 4 年间，韩国航空从未发生任何事故。即便算上这次事故，韩国航空公司的事故死亡几率也仅为 1 : 75 000 000。

作为一名乘客，我认为这样的成绩很了不起，也令我感到十分放心。可是作为一名经济学家，我又怀有一些困惑。毕竟，航空业竞争非常激烈，利润稀薄，破产频发，同时还面临着压缩成本的压力。那么，航空业是如何挡住诱惑，不在安全问题上打折扣，成功克服"佩尔兹曼效应"的？在金融、体育和汽车运输领域，都没有达到这种安全程度。

ASRS："危险接近"

当进一步思考"最危险的地方，也是最安全的地方"这句话时，我发现其中并不存在什么矛盾。如果人们特别害怕某事，他们就会竭尽全力追求安全。一天，巴奈特接到一个记者的电话，记者提到一对父母为了不在空难中双双遇难，致使自己的孩子成为孤儿，他们在飞行时分别乘坐不同的航班。巴奈特知道，根据空难的发生概率，这种做法意义不大，但他还是对这位记者说："如果这样做能让他们感觉安心点，那就由他们去吧。你不应该嘲笑他们。"

公众对飞行持有的谨慎态度，主要因为早期航空业的状况。那时的飞行的确充满危险。20 世纪 20 年代，一名飞行员在 30 年内死于空难的几率是 1% ~ 2%。二战结束后，一些用不上的军用飞机被买去做特技表演，常常会发生机毁人亡的事故。1922 年的那一周令人难忘：一架飞机坠落到长岛的一条公路上，造成一辆汽车失控，驾驶员也在撞击中丧生；另一架飞机在法洛克维海滩上空进行特技表演时失事；在沃伦·哈定（Warren Harding）[①]出席林肯纪念堂落成典礼时，一位此前驾机低空掠过人群的军官在华盛顿典礼表演上坠机，造成一名乘客死亡。

就像频繁发生的事故使保费飙涨一样，公众认定飞行是鲁莽之人的游戏。这种看法严重阻碍航空业的发展。1921 年，飞机制造商协会告诉国会："最严重的障碍之一，是公众认为航空运输充满危险。"美国国家航空协会主席戈弗雷·卡伯特（Godfrey Cabot）认为，公众对飞行的恐惧是阻碍该行业发展的主要原因。他把这一点归咎于"有缺陷的飞机和不合格的飞行员造成的众多事故"。

航空业还可以对比一下安全记录堪称完美的美国邮政服务。美国邮政系统使用国有飞机，飞行员受雇于政府，采用包括体检在内的严格标准选拔飞行员，同时还要求为每架飞机配备 4 名机械师定期对飞机进行大修。邮政系统的空难致死率为每 78.9 万英里一次，而商务航班为每 1.35 万英里一次。

在航空经营史上，这样的结果显得格外不同寻常。1921 年，时任

①美国第 29 任总统。——译者注

商务部长的赫伯特·胡佛（Herbert Hoover）致信国会时这样写道："有趣的是，这是唯一一个公众希望由政府来管理的行业。"某个参议院委员会就一项航空监管措施举行听证会时，竟没有一个人站出来表示反对。

1926 年，美国商务部航空部门成立，标志联邦政府开始对航空业实施监管。1938 年，民用航空管理局取代了它，负责对航空公司进行监管，航空事故的调查工作则由航空安全委员会负责。1959 年，美国联邦航空管理局取代民用航空管理局。1967 年，美国国家运输安全委员会取代航空安全委员会。

在此期间，空难致死率稳步下降。不过即便如此，也无法完全缓解公众对飞行的恐惧心理。1969 年，加州大学洛杉矶分校工程系主任、核科学家昌西·斯塔尔（Chauncey Starr）研究后发现，当某种活动存在非自发性风险时，参与这项活动的人数就会很少——公众对自发性风险的接受程度比非自发性风险高 1000 倍。

斯塔尔直接对比商用航空与汽车旅行的数据。他发现，在 20 世纪 60 年代中期，两种出行方式在每小时事故致死率方面的表现几乎相同，但乘车出行的人数是乘飞机出行者的 20 倍。他表示，人们在旅程中感受到的风险，抑制了选择飞机出行的人数。因此，既然人们对效益的关注度并不高，要想提高他们选择飞行的比例，就必须"在减少风险上付出更多努力"。斯塔尔的观点正确，自 60 年代以来，航空事故致死率的降幅大大高于汽车事故。

人们恐惧飞行的原因，并非只是因为非自发性风险。荷兰心理治疗师卢卡斯·冯·赫尔文（Lucas van Gerwen）专攻飞行恐惧症治疗。他对我说："飞行恐惧症主要源自恐高、幽闭恐惧症、失控、社交恐惧症和对死亡的恐惧。"空难的新闻很容易引起人们的恐慌，让他们立刻想到飞行是一件危险的事情。他接着说道："对于正在克服飞行恐惧的人来说，'9·11'恐怖袭击绝对是一场噩梦。"

甚至一起孤立事故所造成的经济损失，也会将航空业与其他行业区分开来。为了提升汽车销量，汽车制造商经常会提到他们的汽车在碰撞测试中的出色表现，但航空公司很少用飞机安全性来做宣传，或者利用其他航空公司的事故来做文章。他们担心，对一次航空事故的过度报道，伤害的不只是涉事的航空公司，还有整个航空业。

保险公司发现，一家航空公司的疏忽（如行李处理），可能会导致另一家航空公司的飞机爆炸。那些向航空公司提供恐怖袭击保险的保险公司，所承担的风险实在太高。为此，监管部门强制要求其他国家的航空公司也必须遵守规定。2005 年，外国航空公司一连串的事故，造成数百名欧洲人死亡。欧盟随即建立一个黑名单，禁止名单中的外国航空公司进入欧洲空域，原因是它们没有遵守相关的安全标准。

航空业是一个典型的“高可靠性组织”(High Reliability Organization)。这一术语出自组织行为学家卡尔·韦克（Karl Weick）和凯瑟琳·萨克利夫（Kathleen Sutcliffe）之口，用来描述一旦发生一个小错误，就可能导致毁灭性灾难的组织，譬如核电站。一个成功的高可靠性组织，会时刻注意可能导致异常情况出现的每一个微小迹象。

航空公司对于故障有一套制度化的监控体系。

2013 年 11 月的一天晚上，一架商用飞机从佛蒙特州伯林顿市起飞。这架飞机正要爬升时，塔台指示它向左转，避开其后方正在起飞的两架军用飞机。之后，一名区域交通管制中心的实习生接过了管制权，要求该航班飞往正南方的指定点——HANAA。

这 5 个字母是空管员为空中数千个无形交叉点设定的代码之一。这一指令本可以让这架飞机远离后方的军用飞机，但这架商用飞机没有依据指示飞行。当这名实习生再次指示机组人员飞往 HANAA 时，这架飞机依然没有改变方向。那时该飞机距离两家军用飞机不到 4 英里，而且还在迅速靠近。就在此时，空管员命令机组成员将飞机切换成视觉控制。他们很快便发现了战斗机。机长和大副随后意识到交通管制中心的错误：他们输入飞行管理系统的不是 HANAA，而是指向澳大利亚附近的 HANNA。

起初，这起事故并未引起公众的关注。后来，在收到“危险接近”（Near Miss）的警示后，空管员和飞行员主动报告了这一事件，才使这起事故被人知晓。每天有 2000 多起类似的自述事故，汇集到加利福尼亚州莫菲特菲尔德的一栋毫无特色的办公楼中。沿着其所在的街道继续往前，就是谷歌总部所在地。一家名为博思艾伦的咨询公司租下了这个地方，它为美国航空航天局（NASA）的航空安全报告系统（ASRS）服务。这个系统对航空安全起着十分重要的作用。

ASRS 的诞生，源自 1974 年的一起悲惨事故。在华盛顿杜勒斯国际机场，一架正在降落的美国环球航空客机因下降速度过快，撞上弗吉尼亚州的一处山顶。事后调查发现，在这起事故发生的 6 周前，美国联合航空公司的另一架飞机在同一机场发生了几乎同样的事故。联合航空的飞行员在同事中分享了这一信息，但并未向外扩散。“自那以后，业内人士和政府走到一起，表示不能局限于在事故现场调查飞机失事原因。”ASRS 负责人琳达·康奈尔（Linda Connell）如此说道。

康奈尔接受过心理学培训，并最终选择灾难中的人为因素作为研究方向。康奈尔本人也是一名飞行员，她坚信，如何处理错误对于航空安全至关重要。

在航空领域，对灾难的恐惧心理，是人们改进灾难防范措施的强大动力。她引用日本同行的话说："当你认为自己很安全，恰恰是你最危险的时候；当你认为自己正身处险境的时候，你反而很安全。"

"危险接近"报告在本质上不同于事故报告。事故没有发生，就不会出现"后视偏差"(Hindsight Bias)，也即在已经知道结果的情况下，认为结果不可避免的倾向。此外，"危险接近"发生的次数明显多于事故，更可能从中总结出有益的经验。

匿名报告对于该系统极为重要：事故报告人需要知道他们的坦白行为不会遭受纪律处分或起诉。ASRS收到的每份报告，都会由至少两位调查员进行检查，这些调查员通常是退休的飞行员或空管员。如果有必要的话，他们还会通过一条保密线路与报告人通话，以便了解更多信息。收到报告后，所有身份识别信息都会被销毁。在办公室中间立着一只带锁的垃圾桶，上面打上"确保烧毁"的字样。在描述一起事故时，相关工作人员会故意模糊掉细节，以免制造起诉证据。

如果一份报告显示必须采取纠正措施，康奈尔就会向联邦航空管理局等相关部门发送一份备忘录。收到报告的人可以选择接受或者忽视这一建议。ASRS就曾收到过几份报告，其中汇报5字母的目的地代码输入发生错误（这些代码很相似）。ASRS为此警告涉事的空中交通管制中心，有些航空公司会改正错误，有些则无动于衷。

所有事故都会以叙述的形式进行报告，这样读者就能感受到事故发生时的真实情况。在一份名为"回调（Callback)"的月度通讯中，ASRS会列出最有趣的报告。所有人都可以通过互联网浏览这些报告。不过，害怕飞行的人最好不要阅读，因为它们会让你毛骨悚然。

一位飞行员这样描述道："当某地区的空域拥挤时，起飞后一定不能转错方向，但我们就是转错了，为什么？不知道。"还有一飞行员描述说，当他给另一名飞行员看他的苹果平板电脑时，从本应该停下来的跑道位置滑过去，直到地勤人员大喊“停下”时才发现。

许多航空公司不愿意承认那些可能危及航空安全的错误，他们担心客源流失，遭受监管惩罚，引发法律诉讼或是让竞争对手受益，但他们更担心因为一起事故引起所有乘客的恐慌，伤害整个航空业。为此，航空公司发明了一些独特的合作方式，其中一种就是通过自愿报告，互相分享事故的发生过程。

其他行业试图模仿航空业的这种报告系统。几十年来，医院及其他医疗服务供应商一直在琢磨，如何利用类似系统报告医疗错误，但是他们取得的成绩十分有限。ASRS 的发明者查尔斯·比林斯（Charles Billings）认为，一个行业在采用该系统时面临的最大障碍是，如何确定一个问题应该受到多少关注。人们对于许多医疗错误的根源早有共识，但考虑到这些医疗错误的出现频率，他们不确定是否应给予足够的重视以彻底清除它们；而且医疗领域的错误很难分类，人们需要在收集、分析数据上投入更多时间和成本；此外，医疗行业与其他行业一样，坦承错误往往会引发诉讼，从而扼杀所有试图坦白的想法。

任何一起事故被大肆报道后，各家航空公司都会做好准备，接受乘客取消航班的请求，这被称为“订单流失”（Book-away）。各类研究也发现，虽然航空事故的后续影响通常很短暂，但所有航空公司都得承担票价下跌、利润减少和客流量下滑的损失。1989 年，联合航空的 DC-10 喷气客机在爱荷华州苏城失事，造成 111 人死亡。巴奈特及其合作者在一项研究中发现，这次事故几周后，其他采用 DC-10 型客机的航班上座率减少约 30%。

不论一起事故的损失是否足以改变航空公司的行为，监管部门都会利用该事故来证明改进安全措施的必要性。巴奈特就曾为监管部门提供过帮助。几年前，国际航空监管机构开始担心飞越北大西洋的航班无法被雷达发现，因为这些航班距离所有空中交通管制塔都很远。

这些航班的位置需要由飞行员来报告。为了将撞机风险降至最低，该机构提出，所有飞越北大西洋上空的飞机都需安装可实时报告位置的设备。所有航空公司都被高昂的安装成本吓到了——在 18 年内支付 15 亿美元，或者贴现为 11 亿美元。

为了推动这一计划顺利完成，国际民航组织邀请巴奈特进行一次成本效益分析。经过计算，巴奈特认为，在一次两机相撞、417 人死亡的空难事故中，人员伤亡赔偿为 17 亿美元（人均 620 万美元），飞机损失为 5000 万美元。这种飞机相撞的发生概率极小，大约每 1000 万飞行小时发生一次，相当于在 2014—2028 年间发生 0.5 次相撞事故。如果安装数据传输设备，可以使这一概率降至 0.05 次。因此，如果避免这 0.5 次相撞事故的发生，可以帮助航空公司节约大约 9 亿美元的成本。这似乎不足以说明付出这笔安装费用的必要性。

不过巴奈特认为，万一发生这样的相撞事故，航空公司的收入会减少 10 亿美元（或 2%）。这只是保守估计，因为他假设这起空难事件不会影响国内航班的客流，且事故的影响只会持续一年。如果把这一收入损失考虑进来，这项技术所带来的好处就会超过它的成本。

有人曾说过，死一个人是悲剧，死 100 万人就只是个统计数据。这个类比，用来形容我们对待汽车事故和航空事故的态度似乎很合适。虽然空难事故的发生概率极低，但其引发的公众关注度会将每次航空事故升级到灾难水平；与此同时，汽车事故每天都在发生，庞大的数据已使人们麻木。这种差别也会体现在事故调查中。航空监管部门有个不太恰当的笑话："所谓监管工作，就是数墓碑。"他们用事故来推动安全事业的进步。通过对每一起事故的调查，可以避免大部分事故的发生。当你将航空飞行与汽车驾驶相比较时，这一点就更明显。

美国国家公路运输安全管理局（NHTSA）每年要接到 5 万多个投诉，由于无法对所有投诉都展开调查，该机构试图在大量数据中找到规律。2005 年，NHTSA 获悉，一辆雪弗兰科宝轿车中的女士，因车祸发生时安全气囊没有打开而身亡。2007 年，在深入了解后 NHTSA 发现，存在大量反映通用公司小型汽车安全气囊开启失败的报告。该机构还发现，其他制造商的多款车型也存在同样情况。NHTSA 的最终结论是，通用汽车的安全气囊未能正常打开的案例少于其他竞争对手，不需要启动正式调查。后来该机构才发现，如果通用生产的汽车钥匙环系有重物，其点火装置就会经常熄火，导致安全气囊失效。

相比之下，空难事故总是会引起公众强烈关注，人们会要求政府给出回应。1931 年，一架飞机失事，全部乘客无人生还，包括著名的足球教练克努特·罗克尼（Knute Rockne）。公众强烈要求对这起事故展开严肃调查，球迷们认为飞机上应该配备降落伞。

根据法律规定，国家运输安全委员会必须要调查每一起商业飞行事故，调查时间和程度都不存在预设限制，但这一强制性规定未延伸到汽车、铁路或 其他交通工具。航空监管部门并未正式将零事故率定为目标，但考虑到每起事故所引发的广泛关注，它们事实上正为零事故率而努力。这也是其他行业无法复制航空业安全性的原因之一。金融监管部门不仅接受某些银行倒闭的事实，而且还认为这是必要之举。它也不会去反思每个银行破产案例，以找出避免其破产的方法。各家银行更不会与竞争对手共享资源，探讨如何应对坏账对银行生存造成的威胁，因为这么做只会帮助其竞争对手，有时还会带来诉讼或罚款。

艾伦·格林斯潘很喜欢说的一句话是 :“银行业最理想的破产率不是零。如果我们不允许冒险，就不会存在破产的可能性，银行系统也就没有机会促进经济增长。”航空监管部门不这么想，他们没有这种所谓最理想的空难数量，因为他们的理想标准就是零空难。

航空运营商和飞行员并不是天生就比汽车驾驶员、银行管理者更谨慎。飞行员独自飞行时，比他驾驶搭载数百乘客的飞机时更加大胆。

1986年的某天上午，美国东方航空公司飞行员威廉·贝恩（William Bain）驾驶自己的私人飞机前往坦帕。这天早上雾气浓重，空管中心建议他不要着陆。然而贝恩没有采纳这个建议，在首次着陆失败后继续尝试降落，最后他降落在滑行道上，迎头撞上一架正等待起飞的波音727飞机。贝恩当场身亡，727飞机上的几名乘客在疏散过程中受伤。坦率地说，如果贝恩当时驾驶的是商业客机，空管中心肯定不会批准他这样的冒险行为。

拉里·杜恩奇（Larry D' Oench）是一名退休飞行员和航空顾问。他解释了如果汽车驾驶员遵循与飞行员相同的标准，会有怎样的经历：

> 为了模仿航空业的标准，汽车驾驶员必须每6个月接受一次身体检查，每6～9个月接受一次为期1～3天的地面培训。他们还要分别按照正常、异常和紧急程序完成模拟训练，每年接受其所在公司或指定赞助商的一次路考，并随时准备参加国家警察部门的随机驾驶考试；所有驾驶员年龄达到65岁时就禁止上路；汽车必须安装车辆接近报警装置；在十字路受到配有先进电子追踪装置的协调员控制；严格遵守限速规定（是的，飞机也有限速）。违反上述任何规定，驾驶员都会丢掉工作。

在通用航空（General Aviation）[①]领域，私人飞行员不用搭载付费乘客，运营标准相对宽容一些。因此，通用航空飞机的事故率更高，死亡人数也更多。过去10年，通用航空领域的死亡事故占整个航空业的91%，每飞行一小时的致死率，大概比商业航空高16倍。在很大程度上，通用航空并未反映出商业航空方面显著提升的安全性。20世纪90年代以来，通用航空事故死亡人数的下降率还不如车祸。

①使用民用航空器从事公共航空运输以外的民用航空活动。——译者注

生命与成本的博弈

在航空公司提升安全标准的同时，飞机制造商也在利用技术来消除厄运和人为失误对飞行造成的威胁。存在相撞危险的两架飞机会通过对话来提示对方躲避，负责探测风切变（Wind Shear）[①]的计算机会控制飞机绕开风切变飞行。20 世纪 70 年代以来，飞机上引进了电传飞行控制系统，它能让计算机随时识别飞行员输入的指令是否会威胁飞行安全，并及时向飞行员发出预警或取消错误指令。在那以前，飞行员使用的是利用机械或水力与襟翼、副翼等处相连的控制装置。

1984 年，空中客车公司推出 A320 飞机，这是第一款使用电传飞行控制系统的商用飞机。空中客车公司的工程师们为其设计了“飞行航道包迹”（Flight Envelope）[②]保护系统。飞机倾斜过大、俯冲过猛或爬升过快的操作都会留下飞行包迹。如果飞行员尝试将操纵杆推向一边，A320 将限制其倾斜程度，以防飞机翻转。如果飞行员尝试大幅拉起机头，使飞机产生失速风险，电脑也会进行干预，将机头拉下来，恢复到原来的速度再升起，或者加大推力。总之，A320 的设计就是为了消除事故中的人为因素。

对于这些先进技术，飞行员并不总是持欢迎态度。有人抱怨说，如果飞行员只关心遵守规则，而不是飞行本身，可能会让飞行变得更加危险。“佩尔兹曼效应”在航空业也赢得一些认同。当飞行员认为自己的飞机不会出事时，他们就会变得自大。2009 年 5 月 31 日，星期日晚上，一架搭载 228 名乘客的空客 A330 飞机从里约热内卢飞往巴黎。在飞行几个小时后，飞机遭遇闪电和厚重云层，接着突然消失不见。

---

①是一种大气现象，指风矢量（风向、风速）在空中水平和（或）垂直距离上的变化。垂直风切变的存在会对桥梁、高层建筑、航空飞行等造成破坏。发生在低空的风切变是飞机起飞和着陆阶段的一个重要危险因素。——译者注

②飞机在进近至着陆时，可能偏离正常的或理想的飞行航道的程度。——译者注

在其后两年中，这架飞机踪影全无。调查人员知道，飞机结冰会影响空速指示器的正常运行，但这不应成为飞机失事的原因。

最后在机器人潜艇的帮助下，法国调查人员发现了失事飞机的残骸和黑匣子。真正的失事原因实在发人深省。正如他们所怀疑的那样，覆盖在飞机外表面的冰层使得追踪飞行速度的导管结冰，机组人员无法读取空速指示器的准确数据。没有空速指示器的帮助，自动驾驶仪难以操控飞机，便自动关闭了。自动驾驶仪关闭不久后，全体机组人员开始手动操纵飞机，但出于某种至今未明的原因，副驾驶员回拉控制杆，让飞机向上爬升。很快，计算机就开始大声报警，提醒飞机即将失速。

在正常情况下，这架 A330 本应忽视副驾驶员的爬升命令，因为这一操作会导致飞机失速，但当空速指示器发生故障时，飞行计算机解除了那些限制，给予飞行员更多的自由处置权。副驾驶员很可能忽略了这个失速警告，并错误地认定这个警告不正确，因为计算机不会允许飞机失速。“空中客车公司宣称，它们的飞机永远不会失速。很显然，它们的飞行员没有接受过失速情况下的训练。”法航飞行员工会的一位发言人这样说道。

这次法航事故向航空业提出一个更加根本的挑战。现在的飞机安全性很高，飞行员、监管人员和其他航空从业人员很少有机会能从事故中汲取经验。既然说墓碑数量推动着航空安全的进步，那么墓碑减少，人们也失去了从事故中学习的机会。“从认知的角度看，犯错很有用，”曾担任空军将军的法国医生勒内·马博蒂（René Amalberti）这样写道，“无事故的系统，最终会变成不发声的哑巴。”要对一个从未发生过故障的系统进行改进几乎不可能。

2001 年，马博蒂指出，全世界每年约有 2000 万架次飞机起飞，飞行事故率为百万分之一，即平均每年发生 20 起空难。假如某个人提出的一项创新，使事故风险减少 50%，即每年只发生 10 起空难，那么，要验证这种创新是否有效，必须要等几年。然而在现实中，没有哪种办法可以这么大幅度地降低事故率。如果一项创新能使事故发生率降低 15%，那必须花 32 年才能确定其是否有效。

由此看来，监管部门不太可能知道现在提出的改进措施，是否能带来可以被证明的好处。这还意味着，空难事故将会变得越来越难以解释和想象，例如“9・11”事件和马航 MH370 航班失踪事件。试图阻止全球金融危机再次爆发的人们，也面临类似挑战：这类事件越来越少，导致人们无法对改进方案进行有效测试。此外，人们可能需要付出高昂代价，才能实施相关的改进方案。

我们很难用数据证明，实施新的安全措施是否合理。在亚菲亚德拉冰盖火山喷发导致航班中断 4 天后，乘客们的耐心已经耗尽，航空公司要求监管部门重新开放空域。有几家航空公司启动试航飞行，监管部门最终认为，在火山灰浓度较低的空域飞行是安全的做法。很快，欧洲的机场也都重新开放。经过此次事件，航空公司及监管部门在应对火山灰方面变得更加灵活。

关于是否应该进一步提升安全性，航空业发生激烈争论：增加飞行成本或降低飞机出行的便利性，会增加人们死于车祸的风险。1989 年，美国联合航空公司 232 航班刚刚从丹佛起飞不久，飞机上的一台发动机就发生爆炸，导致飞行员用来操控飞机的液压管道被切断。事后，这架航班的乘务长简・布朗・洛尔（Jan Brown Lohr）向国会讲述了一个悲伤的故事。在准备紧急迫降期间，洛尔指示带着孩子的乘客，把小孩放到机舱地板上，以便给他们自己和孩子提供更多缓冲时间。在紧急迫降爱荷华州苏城前，飞机已经飞行 40 多分钟。飞机在一片玉米地中迫降，随后解体成 4 片并燃烧起来。一位母亲试图返回燃烧的飞机，寻找她 22 个月大的孩子。洛尔阻止了她。这位母亲对洛尔说：

“你叫我把孩子放在地板上，我照做了，但是孩子没有了。”洛尔当时的第一个想法是：“我的余生都要背着这个包袱过下去。”她只能无奈地对这位母亲说：“这是最好的选择。”

后来，洛尔成为一位直言不讳、充满激情的活动家。她开始呼吁航空公司为所有飞机上的儿童配备专用座椅。美国运输安全委员会是她的得力盟友，在 1990 年，该机构强制飞机安装儿童约束装置。许多国会议员都赞同这一提议。2001 年，美国儿科学会决定支持安装婴儿座椅的提议，这引起旧金山加利福尼亚大学儿科医生、生物统计学专家托马斯·纽曼（Thomas Newman）的关注。纽曼和他的两位同事坐下来，仔细计算这一提议的成本。纽曼后来写道：“读完洛尔的证词，我差点就要哭了。我开始犹豫是否要继续计算该提议的成本与效益，以便完成这篇论文。”

正如他后来告诉我的那样：“如果有人向你讲述了这样一个故事，你会想站在她那边，帮助她。这是真实的人性。至于那些把钱浪费在机票或驾车上的统计学专家，我永远都不想见他们。”但是纽曼最终还是完成了他的研究。他的结论是，阻止一个人死于空难的成本，高达 13 亿美元。

一个儿童的生命是否值 13 亿美元？这本身就是个不合理的问题。任何一个儿童的生命都无价。正确的提问方式应该是这样：如果社会要拿出 13 亿美元来挽救生命，怎样才是最有效的方式？

在纽曼论文随附的一篇社论中，约翰·霍普金斯大学经济学专家大卫·比筛（David Bishai）指出，有无数种使用这笔钱的方法，可以挽救更多的生命，包括减少溺水、窒息、中毒或乘车所导致的死亡风险。从历史经验来看，这些事件给儿童带来的风险，远远高于乘飞机旅行的风险。如果社会坚持用这笔钱去挽救一名飞机上的儿童，那只是反映出人们的情感选择，而不是理性考量。

除此之外，还要考虑另外一项成本。美国联邦航空管理局（FAA）在研究这个提议时指出，这一措施在 10 年内可预防 5 起空难死亡事故，但随着航班飞行成本增加，许多家庭会放弃搭乘飞机而选择驾车，这样可使公路交通死亡人数增加 82 人。一位国会议员指责 FAA“令人毛骨悚然的成本 / 效益比”。时至今日，FAA 拒绝提供儿童座椅的态度依然很坚决。没人知道它们还会坚持这一态度多久，包括国家运输安全委员会和洛尔在内的飞机儿童座椅支持者，还在继续推动这一变革的实现。

在这个案例中，成本效益分析获得胜利，但在另一个案例中，它却输得很彻底。

“9·11”恐怖袭击后，美国运输安全管理局（TSA）应运而生。这家机构从私营公司手中接过机场安全检查的职责。所有乘客必须接受全身扫描，掏出口袋中的小刀，脱掉鞋子，交出各种液态物体。如果某个乘客不幸与监控名单上的恐怖分子同名的话，他或许就无缘乘坐预订的航班。这项工作的成本大得惊人。

一项调查显示，除了每位乘客 5.6 美元的直接费用外，2005 年因安检而增加的时间成本为 250 亿美元。这还不包括全面的综合成本核算。恐怖袭击所导致的成本增加、出行不便和恐惧心理促使更多人选择用驾车来代替飞机出行。

一位研究者发现，“9·11”事件后，公路交通量的增加导致车祸死亡人数上升 353 人，而在“9·11”恐怖分子劫持的飞机上，只有 266 名乘客死亡。

事实上，没有人知道新增加的安检程序有没有效果。TSA 发现，它们根本不可能算出成本有多高。2011 年，TSA 提议放宽安检标准，允许乘客携带刀片长度小于两英寸的小折刀乘坐飞机。TSA 官员约翰·皮斯托尔（John Pistole）说："坚固的驾驶舱门、恐怖分子监控名单和时刻保持的警戒状态，都意味着一把小小的折叠口袋刀，不可能引发机毁人亡的大灾难。"

他还指出，允许乘客携带小刀，可以让安检员把更多注意力放在那些更加严重的威胁上。然而，皮斯托尔的看法遭到强烈反对，讨伐声来自飞行员、空乘人员、空警公会和部分立法者。一名国会议员表达了他对航空风险零容忍的态度。"这一做法回避了一个问题，即情况会变得更好吗？不会。同时，它也回避了另一个问题，情况可能会变得更糟吗？会。"于是，TSA 改变态度，并推迟了这一改革措施。

FOOLPROOF

why safety can be dangerous and how danger makes us safe

第11章

在未来社会，风险优于安全

一直以来，稳定和安全都是文明社会最为关注的话题。人们都希望自己寿命更长、身体更健康、生活更富足。尽管如此，我们还是会遭遇灾难性的金融危机、毁灭性的自然灾害和致命的安全事故。仔细观察灾祸出现前的人类行为，我们会发现，这些灾祸大多是人类追求安全的过程中出现的意外产物。针对经济体中由稳定催生的自满以及紧随其后的危机，海曼·明斯基这样总结道："稳定制造不稳定。"事实上，人类为提升安全感所做的每件事，都会放大其风险偏好。

可以这样说，两次全球性金融危机都是人类追求安全感的产物。在抗击通货膨胀后,美联储引导美国进入"大缓和"时期。在这一时期，经济周期的正常波动受到抑制。借助风险更为可控的金融创新，购买房产和借贷变得更加安全。在欧洲，通过引入单一货币，各国试图消除破坏团结的货币危机和政治紧张。美国和欧洲的这些做法取得巨大成功，信贷大幅增长，不过这一切最终都被金融危机所终结。

近年来，人们常常将自然灾害带来的损失归咎于气候变化，但事实上，这些责任应由人类自己承担，因为我们经常把城市、人口、文明和财富集中在灾难多发地。

在大多数情况下，人类对安全的追求都很有效，不会产生相应的抵消行为。例如，用普通肥皂洗手不会导致细菌产生耐药性，教导孩子过马路时注意来往车辆也不会使交通拥堵，但当提升安全性的努力改变了人们的行为模式时，挑战就出现了。当一项活动看起来更安全，人们就会更多地投身这项活动，或者以更危险的方式从事这项活动。比如，ABS 和雪地轮胎鼓励人们在恶劣条件下的驾驶行为。如果没有这些技术，人们可能就会选择待在家里或者更加谨慎地驾驶。CDS、MBS 等金融创新，也鼓励了个人、银行和公司从事冒险行为，并将部分风险转嫁给其他人，导致整个金融系统的总体风险水平上升。

此外，某个领域对安全的追求，常会将风险转移至其他领域。20 世纪 80 年代，由于担心银行业危机再次爆发，政府部门加强了对银行的监管，但这并没有改变投资者或借款人的信贷需求，也无法打消他们购买房产或进行高风险投资的想法。最后，这些信贷需求和风险被转移至监管较为宽松的影子银行。20 世纪七八十年代，公众的忧虑使新建核电站的步伐放缓，但人们对电力的需求并未下降。于是，人们找到天然气、煤炭等对健康危害更大的能源。

作为个体，我们无法评估他人的行为会如何变化。人生来自利，没有几人会为了让整个社会更安全，而将自己置于险地，这正是抗生素滥用的主要原因。为了患者或孩子的健康，作为个体的医生、家长都面临巨大压力，他们只好牺牲其他陌生人的利益。

保险是这种两难困境的经典范例。在减少投保人风险的同时，保险使承保人背负更大风险。大多数时候，保险是一种平缓且利润丰厚的业务，因为各种风险之间互不相关，人寿保险的投保人不会同时死去，汽车保险的购买者也不会同时发生车祸。然而，当各种风险具有相关性后，风险共担的原理就会被打破，比如全国范围内的房价下跌，或者飓风、地震等自然灾害同时伤害数千名房屋业主。在这种情况下，保险公司会面临破产，投保人或许会一无所得。

储蓄也是一种保险。个人为了对抗经济放缓而进行储蓄，国家也会未雨绸缪，积累大量外汇储备，但有人储蓄，就必须有人借贷。如果一个国家的储蓄率过高，就会拉低该国的利率，从而鼓励另一个国家向其借贷，由此形成债务驱动型的资产泡沫，引发金融危机。如果利率已经降至最低，多存钱、少花钱的决策会让每个人的收入下降。

身处这样的两难困境，人们应该做些什么？以伤害他人为代价，真能让自己所处的环境更加安全？或者，应该采纳生态派的观点，让系统按照自身规律运行？我的答案是：两者都不选，必须让生态派和工程派达成一致。不过，如何才能做到？

信心 VS 道德风险

为了寻求这个问题的答案，2014 年 3 月的一天早上，我来到马萨诸塞州坎布里奇市拜访了劳伦斯·萨默斯。从 20 世纪 90 年代至 21 世纪初，萨默斯先后为克林顿总统和奥巴马总统效力。过去 20 多年里，他处理过多次重大经济危机。然而，萨默斯的反对者将金融危机的部分责任归咎于他。他们通过游说，成功阻止萨默斯担任美联储主席。

现在，萨默斯回到哈佛大学继续从事教学工作。我在一间大教室的后排坐下来，聆听萨默斯的一堂危机经济学课。当时虽然已经入春，但天气依然很冷，在四面透风的大教室里，许多研究生还戴着帽子，穿着夹克。抱怨了几句天气后，萨默斯就立刻转入了当天的正题——IMF 与国际危机。从 20 世纪 90 年代初起，他就致力于研究这一问题。这一时期，墨西哥、东亚和俄罗斯先后爆发金融危机。

“金融系统扮演着中间人的角色，将正为未来消费而储蓄的人与需要这些储蓄资源的人联系起来，”萨默斯解释说，“当一些国家还贷出现困难，就会引起恐慌，因此就有必要增强他们的信心。这些原则不仅适用于国家之间，也适用于企业和个人之间。”

在萨默斯的危机理论中，信心占据核心位置。我们通常认为信心是好事，而道德风险是坏事，但萨默斯喜欢把它们比喻成同一事物的两面。由于存在道德风险，保护人们远离风险反而会鼓励他们去冒险。我们认定这种行为应该遭受谴责，但事实并非如此。道德风险让人们愿意去做原本不情愿的事，承担本不愿承担的风险，而这些事情大多有利于改善经济。举一个最简单的例子，货币在市场中非常重要，互不相识的人可以通过货币进行交易。而货币具有这种功能，是因为人们对其怀有信心。如果人们不相信货币可以兑换实物，它就会变得毫无价值，商业活动也会慢慢萎缩。

信心崩溃会造成巨大破坏。人们原本认为安全的事物突然变得一文不值时，就会引发金融恐慌。19 世纪的金融恐慌，根源就在于银行无法将货币兑换成实物黄金。到 21 世纪，货币市场共同基金无法以一美元面值承兑份额、为各类债务提供抵押的高评级 MBS 发生违约、大型银行突然倒闭，或者欧洲主权国家无法偿还贷款等事件，都会引发金融恐慌。追求确定性的人类无法忍受这种不确定性，他们会抛弃不可靠的银行、有问题的票据甚至是无法按时还贷的主权国家。还有很多类似情况。比如在食品恐慌期间，人们将数百万磅的安全食品和被污染食品一道扔掉。

21 世纪的两次金融危机过后，许多改革派人士认为，问题的根源在于人类把安全感放在了首要位置。按照生态派的逻辑，政府对问题银行和问题国家的救助，引发了道德风险。只要消除道德风险，就能消灭金融危机。这种观点很有吸引力。它明确指出，每个人必须对自己的安全负责，社会不必为他们的错觉买单。

但这里还存在几个问题。首先，安全感是一种感觉，而不是一条法规。你可以立法告诉民众，银行会破产；他们可能无法足额赎回货币基金；如果附近的堤坝溃堤，他们的房屋不会获得保险赔偿；又或者，食用未煮过的食品会感染疾病，但如果他们从未经历过银行倒闭、基金违约、堤坝溃堤或者食物中毒，他们就不会改变自己的行为。此外，消除道德风险，也就消除了良性冒险行为。

金融危机之后，即使各国央行用零利率来刺激经济增长，并引发新的金融泡沫，但是人们依然缺乏信心，家庭和企业贷款需求大幅减少。各国政府都在想方设法削减赤字，企业忙于积累现金，新兴市场也积极增加外汇储备，以防范下一次危机的到来。

监管部门强制要求贷款机构提高贷款标准，持有更多资本和高流动性资产，少参与自营交易和衍生品等高风险活动。从不当止赎到利率操纵，银行的种种不良行为让人们很难对其抱有同情。尽管如此，在经济体急需更多信贷支持时，一轮轮监管潮和起诉潮使银行不愿意发放贷款。

在 2008 年金融危机和随之而来的衰退中，美国付出了 6 万亿～ 14 万亿美元的惨重代价。我们要做些什么，才能改善这种状况呢？这是我想问萨默斯的问题。萨默斯是工程师出身，他极力支持政府使用宏观经济杠杆来抑制通胀、促进就业。不过他也认同，经济学家难以解释市场的失效。在这一点上，他与生态派的观点相似。

在萨默斯的办公室里，我们谈起 25 年前举行的一次会议。在这次会议上，萨默斯和明斯基都发表了有关金融危机的讲话。他不记得曾见过明斯基，但他们观点相似。2006 年末，正值危机爆发前夕，萨默斯说道："除了缺乏恐惧本身之外，我们没有什么可恐惧。"在精神层面上，这与明斯基"稳定制造不稳定"的观点一样。在萨默斯担任财政部长时，他就曾说过："自满是一种自我否定的预言。"

我问他，这是否意味着，任何一个让人们更加自信、更愿意冒险的系统，也更容易使他们滋生自满情绪，并最终为人类带来灾难呢？萨默斯也思考过这个问题："飞机改善了我们的生活，将事物以更好的方式联系起来，但如果我们未曾发明大型喷气式飞机，导致 200 多人丧生的空难就永远不会发生。如果我们没有发明电，也不会有停电。事物间的联系越强，不稳定也会随之而生。”

萨默斯对我说，这不是“为宿命论找借口”。我们必须找到一种降低危机发生率、增加创新成功率的方法。

金钱 VS 死亡风险

经济学用理性计算取代情感判断，有助于降低危机发生概率。几十年前，联邦政府规划防洪工程时，必须核算新建一座大坝的成本和大坝所产生的经济效益。这催生了成本效益分析。目前，成本效益分析已被普遍用于医疗、安全和环境规划等领域。例如，在提出燃料效能标准（Fuel Economy Standards）①时，政府必须计算消费者要为更节能的汽车付出多少成本，还有降低燃油消耗、减少污染、减少温室气体排放和加油时间会带来哪些效益。

某些成本容易计算，但另一些成本很难算清楚，比如选择驾车的人会增加多少？会增加多少污染？而且比起成本，效益更难评估。多少起受伤、疾病或死亡案例得以避免？我们该如何为这些效益估值？

当研究领域转向挽救生命、防范偶然发生的巨灾时，成本效益分析就变得不好用。为人的生命标价不太合适，但这样的事情一直在发生。当陪审团在判定疏忽致死的损失时，当投保人决定购买保险产品时，当驾驶者考虑是否要为附加的汽车安全功能买单时，都是在对生命估价。在统计学上，联邦政府各机构一般把人的生命价格设定为 900 万美元。假设你有 900 万美元，你会用它来挽救自己的生命吗？答案是肯定的。可是如果我们变化一下提问的方式：你愿意花费 9 美元来降低百万分之一的死亡风险吗？你很可能不愿意。这不奇怪，虽

①一种衡量汽车行驶一定距离所消耗的燃油量的指标。——译者注

然两种选择的经济价值一样，但在第一种选择中，人们获得了确定性，在第二种选择中则没有。在现实生活中，人们更有可能遇到的是第二种情况。人们做出的选择，很少能确保可以挽回生命。在更多的时候，这些选择只关系到概率上的细微差异。

我们知道，航空业在谈到飞行安全时，总说那是因为它们愿意在旅客身上投入更高成本。这一做法可能无法通过成本效益分析。比如，为避开火山灰而中断航班，由此造成的损失多达 47 亿美元。不过，即使航空业也有局限之处，比如监管部门拒绝安装婴儿航空座椅。确实应该这么做。人们应该通过理性分析，而不是单纯依靠情感来判断需要多少安全感。

在设法提高人类安全感时，安全专家们还要考虑失去自由的成本。如果人们愿意接受各种规则、禁令等，就能减少危险，这是解决“佩尔兹曼效应”的一种方法。不过相比限制自己的自由，人们更乐于限制他人的自由（比如儿童）。安全带法的反对者经常把自由的权利（而不是车祸死亡率）作为其依据。尽管有大量证据表明摩托车头盔可以降低车祸伤亡率，许多州还是废除了强制佩戴摩托车头盔的法律，而取消的理由通常是为了应对各种诉讼。例如，该法律侵犯了摩托车司机的自由，还有警察行使权力时存在违宪做法。一位参议员曾经表示：“我不认为政府存在的意义，是为了教导人们该如何生活。”

在金融领域，人们同样需要在安全与自由之间作出取舍。1934 年后的几十年，没有发生任何金融危机，部分是因为金融自由受到严格限制。二战后的数年里，许多国家都对本国居民携带货币出入境、投资国外的股票、债券做出限制。实行这类资本管制措施的目的，在于减少庞大的资金流动，保持汇率稳定。这些措施还增加了国内投资者到海外寻求更高投资收益的难度，迫使他们在国内投资。这些政策确实有效，但也增加了很多麻烦。有一段时间，英国人出国旅行时，携带的现金不能超过 100 英镑，而美国人买海外股票和国债都必须纳税。

还有一些其他限制措施。例如，美国银行经营时不得超过存贷款利率上限。当时的银行不太在意这项规定，因为它们没有多少竞争对手。银行按 3-6-3 规则来开展业务，即存款利率为 3%，贷款利率为 6%，然后下午 3 点就去打高尔夫球。这些措施也会限制投机行为。在 20 世纪 40 年代到 70 年代，美联储、美国国会和白宫陆续设置一些信贷限额，以抑制人们对汽车和其他高价商品的需求，同时设置更高的首付标准，以便房地产市场降温。

通货膨胀、放松管制和金融创新让这段平稳期走向终结。储户对这些监管措施感到不满，经济学家也认为它们会损害增长。资本管制强迫投资者接受较低的国内投资回报率，剥夺他们投资海外优质资本项目的权利。此外，他们认为这还会造成不公平：有背景的人总能找到更好的投资渠道。如果合法的渠道走不通，人们就会选择黑市交易等非法手段。

到 20 世纪 70 年代，富裕国家已经基本解除国际资本管制，其国内信贷管制也在放松。通货膨胀使银行存款向货币市场基金转移，动摇了银行在公众金融生活中的垄断地位。总之，金融管制时代已经过去。人们普遍认为，无论金融管制在减少危机方面发挥何种作用，都不值得以失去自由为代价。

美国人很愿意对银行施加各种管控措施，但不愿自己受到管控。在金融危机后，为改善房市萧条的境况，监管部门提出对大部分抵押贷款设定 20% 的首付要求。这样一来，只有房价下跌超过 20% 时，才会低于最初投入的资金。然而，平时冲突不断的银行、房屋建筑商和消费者利益维护者却团结起来，一致反对该建议。他们抱怨说，20% 的首付要求会将数百万潜在购房者排除在住房市场外。于是，监管部门让步。对于许多有追求的房屋所有者来说，杠杆就等于自由。

安全的边界

在追求安全时，我们必须将非预期后果带来的伤害降至最小。在研究过程中，我发现空间特别重要。

举个例子，当回答为什么航空业在降低事故率方面如此成功时，公路安全保险协会的艾德里安·隆德（Adrian Lund）这样说道：“对航空业而言……这个问题更加容易。飞机大部分时间都在一个开放空间中飞行。你需要遵守的基本原则就是不要撞上其他飞机，但在驾驶汽车时，驾驶者几乎一直处在某种危险中，除非他遇到停车标志或红灯停下来。即便这样，他也可能会被后面的车辆追尾。”

想象一下，当你在一条没有分隔带的公路上开车时，你以 100 英里的平均时速频繁超过其他小车或卡车（相隔 10 英尺）。此时，一个微小的失误就会在几秒内让你撞向路边或者开到对向车道上。

飞机接近地面时，是其飞行历程中最危险的时刻。在 1.5 小时的航程中，起飞、初始爬升、最后进场和着陆所花费的时间仅占 6%，但是多达 61% 的空难事故都发生在这 4 个阶段。空管员称其为“大天空、小飞机”：当飞机进入巡航高度，周围空间会为其提供一个避免意外事件发生的误差范围。飞行员和空管员必须遵守一套严格规定——飞机间的垂直间隔为 1000 英尺，水平间隔为 3 英里。假设你乘坐的航班突然遇到气流引起的剧烈颠簸，而你没有系安全带，你的头部可能会因为撞到天花板而骨折，但空难绝不会发生。此时飞机距离地面很远，飞行员可以用高度换取下降和减速操作的时间。

我的妻子非常重视空间。初拿驾照时，她发现避免车祸最简单的方法之一，就是保持车距。有时候我觉得，她在保持车距时过于敏感，但我不会质疑她这么做的合理性。如果在交通高峰期与卡车并行，一旦出现问题，根本来不及纠正。

空间作为保护生命和财产的重要工具，在自然灾害管理中也同样适用。在澳大利亚，所有靠近灌木丛的房屋四周都会留出一定空间，以免房屋被附近发生的森林火灾所波及。这样一来，这些房屋的所有者就可以减少对效仿灭火的依赖，消防员在灭火行动中牺牲和火灾继续扩大的风险也随之降低。

防洪堤能够保护城市、农田和工厂远离洪水侵袭，但它不仅需要持续维护，而且仍可能会发生溃堤和漫堤。一战期间，美国陆军工程兵团首席工程师埃德加·贾德温为法国的美军修建铁路、码头、兵营和医院，并由此建立声誉。1927 年的密西西比河洪水暴发后，在卡尔文·柯立芝（Calvin Coolidge）总统的支持下，贾德温对这次洪灾暴发的原因进行了调查。对于这次洪灾的原因，贾德温的判断还十分准确。他在报告中写道：

> 最近，为了开垦供人类使用的土地而修建的防洪堤决口后，冲击河谷中暴发特大洪水，造成大量生命与财产损失。人类大量的开垦活动挤占了河道，巨量的水流无处可去。我们必须加固防洪堤，但不能再增加防洪堤的高度，以免让洪泛区的居民面临更大威胁。人类不应在特大洪水到来时对密西西比河施加过多限制，否则，河水会让人类的一切计划落空。我们必须为河水留出必要的空间。

贾德温建议修筑一些泄洪道，将洪水引入人口较少的地区，缓解河流压力。当洪水水位再次上升至防洪堤的安全高度时，工程兵团可以在堤坝上开挖爆破孔，将多余洪水引入泄洪道中，如绕过新奥尔良后汇入墨西哥湾的阿查法拉亚河。通过向人口较少的农田泄洪，贾德温的计划可以为密西西比河沿岸城市和人口更加稠密的地区提供保护。

贾德温的这一计划，并不表示他向生态派投降。他一直将保护洪泛区人类居住地视为工程兵团的责任，但这一计划还是表示他的防洪方法发生了改变。工程派的办法就是修建更多、更高的堤坝，以此抵抗每一次洪灾的侵袭，而贾德温的计划有助于重塑人们一直以来的防洪思维。

> 1000 多年来，荷兰人不停建造堤坝，漫长的防洪史让他们形成这样一种认识：“防洪堤有两种，一种已经溃堤，另一种将要溃堤。”在经历 1993 年和 1995 年两次毁灭性洪水后，荷兰人开始反思自己不停修筑防洪堤的行为，并开始重新规划城市和乡村，把洪水引向受影响最小的地方。“还地于河”是一项为期 9 年的工程。为了将人口较少的上游洪泛区恢复原貌，这项工程要拆除十几年，甚至几百年前修筑的堤坝。美国的许多城市也在河流附近修建公园和绿地，以抵御洪水。

贾德温的计划成功经受住 2011 年数次大洪水的考验。这年 3 月的一天深夜，工程兵团在密苏里州几处防洪堤上炸开缺口。洪水淹没了数千英亩农田，但伊利诺伊州的开罗市得以幸免。同月，工程兵团相继打开许多洪水闸门，把洪水引进路易斯安那州农村广袤的狭长地带，让新奥尔良市躲过一场与“卡特里娜”飓风同级别的灾难。

金融领域和经济领域也存在自己的“空间”，我们称之为资本。实际上，资本就是股东用于承担亏损的缓冲垫。资本比率越高，银行或金融公司承担风险的能力就越强。与债务人、债权人不同，股东很清楚自己的投资存在风险，因此就算遭受损失，他们也不会感到恐慌。

资本的奇妙之处在于，无论造成亏损的根源是什么，它都能发挥作用。银行的风险管理是为了防止金融资产价格发生不利波动，避免让借款人承担过大风险，防范交易对手违约、遏制流氓交易员和金融犯罪。不过，这些风险管理措施也经常会失效。

2012 年，摩根大通发现一个绰号“伦敦鲸”的交易员在大量吃进金融衍生品头寸。这些交易给摩根大通造成 62 亿美元的亏损。然而，如此巨额的亏损并未威胁到摩根大通的生存，因为在监管部门的压力下，它已筹集了数十亿美元的现金。

资本成为监管部门增强金融系统抵御危机能力的重要工具。只要有充足的资本，其他事情几乎都不重要。此外，一家银行持有大量资本并不会影响另一家银行的安全等级，银行持有的资本量并不存在理论上限。当然，资本也非尽善尽美。银行资本越多，盈利能力就越弱，因为同样的利润要分给更多的股东。这将使银行处于不利位置，迫使他们将贷款和风险转移给影子银行。“大缓和”时期的情况就是这样。对于这类问题，我们需要时刻保持警觉。

正如我们在全书中看到的那样，为了应对内心的恐惧，人们竭力去追求安全感。在危机或灾难中幸存的经历，使幸存者变得更加谨慎和厌恶风险。经济学家戈登·塔洛克（Gordon Tullock）指出，从方向盘中心伸出一把尖锐匕首，就能让人们平稳开车。此外，当灾难很少发生时，经验的作用就会十分有限。唐纳德·麦格雷戈（Donald Macgregor）和保罗·斯洛维奇说过：“一个差劲的司机，也许永远不会遭遇车祸。”

生活在恐惧中的人不可能幸福，但是如果人们善用恐惧和经验，它们就能成为对抗风险的有力工具。通过对比英国石油公司和埃克森美孚石油公司，就能清楚说明这一点。

“深水地平线”号是英国石油公司性能最佳、安全记录最好的钻井平台之一，但这样的安全记录其实是一种假象。2010

年4月20日晚上，几位高管正在“深水地平线”号上共同学习管理它的成功经验时，油井出现井喷事故，逸出的气体发生爆炸，摧毁了整个钻井平台，11人在这次事故中死亡。这是人类历史上最严重的石油泄漏事故之一。后来的调查发现，英国石油公司存在一种要效率不要安全的文化。

1989年，超级油轮“埃克森·瓦尔迪兹”号在阿拉斯加威廉王子湾附近触礁后搁浅，1100万加仑原油泄漏，污染了1000多英里海岸线，导致数以万计的海鸟、海獭、海豹和鲨鱼死亡。这次事故给埃克森美孚公司造成巨大的声誉和经济损失。几年后，人们一听到“埃克森”这个词，首先就会想到“埃克森·瓦尔迪兹”号。

埃克森美孚公司本可以在清理完事故现场后就将这件事放下，让这段不愉快的记忆逐渐淡出，但它并没有这样做。这家公司利用这次事故塑造了一种安全文化，并将这种文化内化在它的“作业完整性管理系统”（OIMS）中。该系统管理着这家巨型公司各方面事务，包括管理人员责任、钻井平台建设和应急演习模拟等。

格连·梅利（Glenn Murray）为“埃克森·瓦尔迪兹”号的清理工作提供过帮助，后来承担了OIMS系统的研究和培训工作。设计OIMS系统的目的，就是在公司内部保持一种安全与风险管理的文化，即便人们已经忘掉了“埃克森·瓦尔迪兹”号事故。有时候在培训课堂上，梅利会问有多少学员经历过“埃克森·瓦尔迪兹”号事故。举手的人数一年比一年少。“他们没有经历过那次事故，我们也不希望他们再经历一次类似事故。”

从工作许可证的发放到工作服类型，OIMS系统掌控着这家公司所有的运营和维护。在事后分析中，意外始终占据着核心位置。与航空领域的 ASRS 一样，该公司鼓励员工报告事故险兆，以便提前防止灾难的发生。某些工作现场还会开展“月度险兆事件”比赛，对报告事件的员工给予表彰。如果爬楼梯时有人不使用扶手，他们就会互相提醒。

在外人看来，这种做法近似荒谬，竟然花费时间来确定员工使用了楼梯扶手，但是在埃克森美孚看来，这一点也不好笑。不使用扶手确实可能会导致人员受伤，更重要的是，这种做法从根本上改变了人们对待风险的态度。许多普通人可以容忍的事情，在埃克森美孚的员工那里都通不过。公司还会对其他领域的灾难进行研究，比如该公司分析了 2003 年哥伦比亚号航天飞机在空中解体的事故。

当然，石油钻井是个高风险行业。如果一点风险都不愿意承担，埃克森美孚公司不可能生存下去。它想知道的是，公司承担着怎样的风险，还有它是否可以管理这些风险。

> 2005 年，埃克森美孚开始在当时墨西哥湾最深的一口油井——“黑胡子”油井打钻。在对井喷风险进行研究后，该公司提出了应对措施。随着钻探作业的开展，OIMS 系统要求相关人员提供新数据，以便重新评估风险。
>
> 当工程师们遇到巨大压力、温度及反冲（液体和天然气的突然冲击）时，他们马上警觉起来。埃克森美孚担心这样的冲击超出了公司的井喷控制能力，它决定放弃该油井，1.87 亿美元的投资就这样打了水漂。

许多业内人士都怀有疑问：埃克森美孚是否失去了冒险的勇气？事实上，没有人知道，但人们都很清楚，在安全记录方面，埃克森美孚是业内表现最佳的公司之一。同时，埃克森美孚的安全措施没有让其他人付出任何成本，它的盈利情况也十分可观，而且该公司还乐于与竞争对手分享经验。

正如公司一样，一个国家对待风险的态度也可以改变。全球金融危机过后，加拿大赢得了国际社会的一致称赞，因为该国没有一家银行倒闭或需要国家提供救助。这些银行比危机前更加强大，这也是加拿大经济衰退程度比美国轻的重要原因。这是因为加拿大人厌恶风险。20 世纪 80 年代，加拿大有两家小型银行破产；90 年代，严重的房地产不景气压垮许多银行，并在银行和监管机构的心头留下了深深印迹。

加拿大政府也从 20 世纪 80 年代和 90 年代的实践中吸取了教训。他们创建了一个独立的监管机构，负责稳步推动国内银行进一步提升资本金比例（相比其国外竞争对手）。如今，加拿大的银行和监管机构已经将“保守”作为一种超越外国同行的竞争优势。

对安全性的追求，是个不断变化的目标，工程派和生态派在相互竞争中不断提出各种解决办法。工程派满足人们的控制欲望，消除不确定性给人们带来的焦虑感。他们满足的是文明社会改造环境、处理既有问题并使其变得更好的需求。工程派提高了人在发生车祸时的生存率，并让人们在充满危险的地方也能生活和发展。不仅如此，他们还发明了挽救生命的良药和技术，而经济工程师找到了减轻经济衰退和金融危机危害的方法。

不过，我们不应该对他们提出过多要求。他们可以减少灾难和危机的发生频率，提高生存率，但无法阻止灾难和危机的发生。我们也不应该这么做。容忍周期性危机的存在，是建立一个鼓励风险、奖励风险的经济体系所必须付出的代价；周期性灾难是人们将城市建在高产之地所应付出的代价。

与此对应，生态派很清楚，森林、细菌和经济体具有无法抑制的适应能力。人们为了抑制风险所采取的每一步行动，都可能会放大风险。

领导者很自然会去关注过去遭遇过的危险，并为此做好准备，但是风险的本质就是瞄准被人们忽略的脆弱之处，出其不意而攻之，摧毁人们辛苦建立起的安全感。

只有在风险与稳定间作出正确取舍，才能将每一点不稳定因素所释放出来的创新力量发挥到最大程度。我们花费 100 年才明白，想尽办法扑灭每一场火灾，只会带来更多、更大和更致命的大火。解决办法不是放任不管，而是专注于让小火灾不要伤及附近居民，以便节约资源，对付更大的火灾；我们对待抗生素的态度不应是禁用，而是慎用。只有这样，它们才能在致命细菌出现时派上大用场。

美联储是具有工程派基因的组织，它的使命就是结束恐慌、衰退和通胀。然而，在实现这些目标的过程中，美联储常常为下一场危机或衰退的到来埋下隐患。它不应停下抗击经济衰退和危机的步伐，也不应该干预所有危机。一旦那些大银行可以正常破产，整个金融系统就会很快复苏。

工程派和生态派各自以不同的方式，展示着人类最优秀的文明。我们没有必要选择支持哪一方，而应该综合利用两个学派的优势，致力于消除重大灾难（而不是小规模灾难），接受适当的风险和不稳定，以获得长期的收益和稳定。

致 谢

写作本书的灵感源自我在2008年全球金融危机期间及之后的个人经历。虽然用了20年的时间研究经济和市场，但是和许多人一样，我没能预见这场危机的到来。在我的第一本书——《经济学入门》(*The Little Book of Economics*）中，我试图解释为什么人类会对导致上一场衰退的“病毒”生成免疫，而当“病毒”发生突变后，又会再次受到冲击。

霍华德・尹（Howard Yoon）是我的经纪人，他说观察意味着一本新书的萌芽。霍华德点燃了这颗火种，一直没有让它熄灭。他帮助我组织和理清了思路，并且一直不断提供反馈、建议和修改方案。总之，没有霍华德的帮助就没有这本书的诞生。我还要感谢那些为本书出版给出建议的人们。保罗・沃尔克、艾伦・格林斯潘、本・伯南克、劳伦斯・萨默斯和杰罗姆・鲍威尔，感谢你们为我提供在公共服务及其他领域的经历；加里・戈顿、劳伦斯・梅耶、布拉德・德隆、迈克尔・波多、阿塔纳西奥斯・欧菲尼德斯（Athanasios Orphanides)、保罗・麦考利（Paul McCulley)、亚伦・托内尔、道格・埃尔门多夫（Doug Elmendorf)、安德烈亚斯・莱纳特（Andreas Lehnert)、卢・克兰德尔（Lou Crandall）和史蒂夫・金（Steve Kim)，感谢你们在经济学和金融市场领域提供的专业知识和经验；感谢沃里·卡温顿（Wally Covington）、詹妮弗·马龙、鲍勃·巴比，特别要感谢史蒂芬·派恩在有关森林或火灾方面提供的信息；感谢唐·阿伦特（Don Arendt）在航空及其他领域提供的风险管理知识；感谢阿诺德·巴奈特、琳达·康奈尔和唐·维西纳（Don Wichner）在航空安全方面所做的工作；感谢小罗杰·皮尔克、凯伦·克拉克和卡罗琳·考斯基在自然灾害和保险方面的独到见解；感谢萨姆·佩尔兹曼在监管方面所做的研究；感谢乔治·勒文施泰因在情感与经济学领域的发现；还要感谢斯图尔特·利维在抵制抗生素滥用方面所做的工作。

在利特尔 & 布朗出版社，杰夫·桑德勒（Geoff Shandler）很快便抓住本书的实质，并提供大量支持。约翰·帕斯利（John Parsley）继杰夫之后承担了本书的编辑工作，他从一个智慧、独立的读者视角，研读了书中的每一个用词，找出了我的口头讲述与书面论据之间的谬误，帮助我更加严密、连贯地组织语言。约翰具有非凡的智慧、良好的幽默感及充足的耐心，是每一个作者都愿意合作的编辑。

让·加内特（Jean Garnett）负责本书的审校，本·艾伦（Ben Allen）负责手稿的管理，克里斯·杰罗姆（Chris Jerome）负责手稿的修改。马琳·冯·欧拉-霍根（Malin von Euler-Hogan）负责协调大量后勤事务与生产细节。我还要特别感谢利特尔 & 布朗出版社的发行人员里根·阿瑟（Regan Arthur），她为我写作本书提供了早期支持。

我的首席研究员克里丝塔·杜根（Krista Dugan）不知疲倦地查证每一个资料的来源、细节，在时间紧迫的情况下对大部分手稿进行核实。布尔·登格（Boer Deng）和杰克·塞布（Jake Seib）也在事实查证方面提供了帮助。本书如有任何错漏之处，责任全部由我承担。

在写作任务最繁重的两个月里，伍德罗·威尔逊国际研究中心为我提供了空间。感谢研究项目主管罗伯特·利特瓦克（Robert Litwak）、研究中心主任珍·哈尔曼（Jane Harman）的款待，还要感谢图书馆杰出的馆员们为我查找那些晦涩难懂的文章和书籍。

美国国会图书馆、维基百科以及美国国立卫生研究院的国家医学图书馆体现了公共服务的价值。这些地方汇集了海量的人类知识，对我的写作项目必不可少。

本书的许多观点都来自我在《经济学人》《华尔街日报》上发表的文章。非常感谢前同事和现同事对我的支持和宽容。他们是《经济学人》主编扎尼·明顿·贝多（Zanny Minton Beddoe）及其前任约翰·米克斯维特（John Micklethwait）、《华尔街日报》主编格里·贝克（Gerry Baker）和全球经济领域的编辑奈尔·金（Neil King）和华盛顿分社社长杰瑞·瑟伯（Jerry Seib）。

许多朋友和同事为本书提供了宝贵意见。汤姆·加拉格尔（Tom Gallagher）和乔恩·希尔森拉斯（Jon Hilsenrath）读完了全部手稿，我衷心接受他们在词汇和内容方面提出的建议；凯特·凯利（Kate Kelly）和格雷格·朱克曼（Greg Zuckerman）阅读了多个章节并给出建议；艾莉森·菲茨杰拉德（Alison Fitzgerald）分享了有关英国石油公司漏油事件的信息；伦尼·弗里德曼（Lennie Friedman）分享了他在全国橄榄球联盟的经验。

两年来，这本书占据了我大部分晚间时光和周末。为了完成本书，我不得不经常牺牲和孩子们在一起的时间。娜塔莉（Natalie）和丹尼尔（Daniel）从不抱怨，在我沮丧的时候，他们总是会过来帮忙。

在写作本书的过程中，我的妻子南希是我最大的支持者。她阅读了手稿并给出了建议，在我精神和精力不佳时为我打气。南希也是我写作灵感的来源。她就像一头灰熊，用生命保护着我们的家庭。她对危险的时刻警惕保证了家人的安全。我要把这本书献给她。

“iHappy 书友会”会员申请表

姓　名（以身份证为准）：__________　　性　别：__________

年　龄：__________　　职　业：__________

手机号码：__________　　E-mail：__________

邮寄地址：__________　　邮政编码：__________

微信账号：__________（选填）

请严格按上述格式将相关信息发邮件至中资海派“iHappy 书友会”会员服务部。

邮　箱：zzhp_marketing6@126.com

微信联系方式：请扫描二维码或查找 zzhpszpublishing 关注“中资海派图书”

<table>
<tr><td rowspan="10">优惠订购</td><td colspan="2">订阅人</td><td></td><td>部　门</td><td></td><td>单位名称</td><td colspan="2"></td></tr>
<tr><td colspan="2">地　址</td><td colspan="7"></td></tr>
<tr><td colspan="2">电　话</td><td colspan="3"></td><td>传　真</td><td colspan="2"></td></tr>
<tr><td colspan="2">电子邮箱</td><td colspan="2"></td><td>公司网址</td><td></td><td>邮　编</td><td></td></tr>
<tr><td>订购书目</td><td colspan="8"></td></tr>
<tr><td rowspan="2">付款方式</td><td>邮局汇款</td><td colspan="7">中资海派商务管理（深圳）有限公司
中国深圳银湖路中国脑库 A 栋四楼　　邮编：518029</td></tr>
<tr><td>银行电汇或转账</td><td colspan="7">户　名：中资海派商务管理（深圳）有限公司
开户行：招行深圳科苑支行
账　号：81 5781 4257 1000 1
交通银行卡户名：桂林　　卡　号：622260 1310006 765820</td></tr>
<tr><td>附注</td><td colspan="8">1. 请将订阅单连同汇款单影印件传真或邮寄，以凭办理。
2. 订阅单请用正楷填写清楚，以便以最快方式送达。
3. 咨询热线：0755-25970306 转 158、168　传　真：0755-25970309 转 825
E-mail: szmiss@126.com</td></tr>
</table>

→利用本订购单订购一律享受九折特价优惠。

→团购 30 本以上八五折优惠。